Mathematische Formeln kompakt

von
Klaus Ulshöfer

Bayerischer Schulbuch Verlag, München

Das Papier ist aus chlorfrei gebleichtem Zellstoff hergestellt, ist säurefrei und recyclingfähig.

1. Auflage 2008
Druck 12 11 10 09 08
Die letzte Zahl bezeichnet das Jahr des Drucks.
Alle Drucke dieser Auflage sind untereinander unverändert und im Unterricht nebeneinander verwendbar.

Umschlaggestaltung: Lutz Siebert, München
Mathematische Zeichnungen: Detlef Seidensticker
Lektorat: Dr. Huberta Lausch
Herstellung: Heiko Jegodtka
Satz und Druck: Tutte Druckerei GmbH, Salzweg/Passau

ISBN 978-3-7627-**0131**-6

Zahlenmengen

$\mathbb{N} = \{0; 1; 2; 3; \ldots\}$	Menge der natürlichen Zahlen mit der Zahl 0 (auch $\mathbb{N}_0$)
$\mathbb{N}^* = \mathbb{N}\setminus\{0\} = \{1; 2; 3; 4; \ldots\}$	Menge der natürlichen Zahlen ohne die Zahl 0 (auch $\mathbb{N}$)
$\mathbb{Z} = \{\ldots; -1; 0; 1; \ldots\}$	Menge der ganzen Zahlen
$\mathbb{Q} = \left\{\frac{a}{b} \middle\vert a, b \in \mathbb{Z} \text{ und } b \neq 0\right\}$	Menge der rationalen Zahlen
$\mathbb{R} = \{x \mid x = \lim\limits_{n \to \infty} q_n;\ q_n \in \mathbb{Q}\}$	Menge der reellen Zahlen
$\mathbb{R}^* = \mathbb{R}\setminus\{0\}$	Menge der reellen Zahlen ohne die Zahl 0
$\mathbb{R}^*_+ = \{x \mid x > 0 \text{ und } x \in \mathbb{R}\}$	Menge der positiven reellen Zahlen (auch $\mathbb{R}^+$)
$\mathbb{R}_+ = \{x \mid x \geq 0 \text{ und } x \in \mathbb{R}\}$	Menge der nichtnegativen reellen Zahlen (auch $\mathbb{R}_0^+$)
$\mathbb{C} = \{a + b\mathrm{i} \mid a, b \in \mathbb{R}; \mathrm{i}^2 = -1\}$	Menge der komplexen Zahlen.

Intervalle

$]a; b[\ := \{x \mid a < x < b \text{ und } x \in \mathbb{R}\}$	offenes Intervall *a*, *b* (ohne *a* und ohne *b*)
$[a; b] := \{x \mid a \leq x \leq b \text{ und } x \in \mathbb{R}\}$	abgeschlossenes Intervall *a*, *b* (mit *a* und *b*)
$]a; b] := \{x \mid a < x \leq b \text{ und } x \in \mathbb{R}\}$	links offenes, rechts abgeschlossenes Intervall *a*, *b* (ohne *a* und mit *b*)
$\{x \mid a - \varepsilon < x < a + \varepsilon \text{ und } x \in \mathbb{R}\}$	ε-Umgebung von *a* für $\varepsilon > 0$

Elementare mathematische Zeichen

Größenbeziehungen

$=$ gleich	$\neq$ ungleich, nicht gleich
$:=$ nach Definition gleich	$<$ kleiner als
$\approx$ rund, ungefähr gleich	$>$ größer als
$\sim$ proportional	$\leq$ kleiner oder gleich, höchstens gleich
$\equiv$ identisch gleich	$\geq$ größer oder gleich, mindestens gleich

Aus der Geometrie

AB	Gerade A, B; *Verbindungsgerade* von A und B; auch (AB)
$[AB]$	Strecke A, B (eine Menge von Punkten); Strecke von A nach B; auch $\overline{AB}$
$\overline{AB}$	Länge der Strecke $[AB]$ (eine Größe); auch $\lvert\overline{AB}\rvert$; auch $\mathrm{d}(A, B)$

Aus der Logik

A ⇒ B wenn A, dann B; wenn *A*, so *B*; A *impliziert* B; aus A folgt B; A ist hinreichende Bedingung für B.

A ⇔ B A genau dann, wenn B; A dann und nur dann, wenn B; aus A folgt B und umgekehrt; A *äquivalent* B; A ist gleichwertig B; A ist notwendige und hinreichende Bedingung für B.

Mengen

$a \in M$	a ist Element der Menge M
$b \notin M$	b ist nicht Element von M
$\{x \mid \ldots\}$	die Menge aller x, für die gilt ...
$\emptyset$ auch $\{\ \}$	die leere Menge, sie besitzt kein Element
$\{0\}$	die Menge mit dem einzigen Element 0

Teilmenge (Untermenge)

Eine Menge A heißt genau dann (echte oder unechte) *Teilmenge* der Menge B (in Zeichen: $A \subseteq B$), wenn jedes Element von A auch Element von B ist.

Eine Teilmenge A von B heißt sogar *echte Teilmenge* von B (in Zeichen: $A \subset B$) wenn mindestens ein Element von B nicht Element von A ist.

Komplementärmenge (Komplementmenge)

Zugrunde liegt eine Teilmenge A von M. Diejenige Teilmenge von M, welche genau die Elemente enthält, die nicht zu A gehören, heißt die *Komplementärmenge* (*Komplementmenge*) von A bezüglich M. (In Zeichen: $\overline{A} := M \setminus A$)

Eigenschaften: $A \cup \overline{A} = M$ und $A \cap \overline{A} = \{\ \}$

$\overline{A \cup B} = \overline{A} \cap \overline{B}$ und $\overline{A \cap B} = \overline{A} \cup \overline{B}$ (*Gesetze von de Morgan*)

Potenzmenge

Die Menge aller Teilmengen einer Menge M heißt die Potenzmenge von M. Hat M genau n Elemente, so hat die Potenzmenge 2^n Elemente.

Sind A und B Mengen, dann heißen

- $A \cup B$ die **Vereinigungsmenge** von A und B
  $A \cup B := \{x \mid x \in A \text{ oder } x \in B\}$
  Gelesen: „A vereinigt mit B“

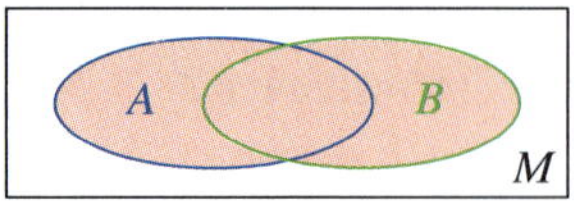

- $A \cap B$ die **Schnittmenge** (Durchschnittsmenge) von A und B
  $A \cap B := \{x \mid x \in A \text{ und } x \in B\}$
  Gelesen: „A geschnitten B“

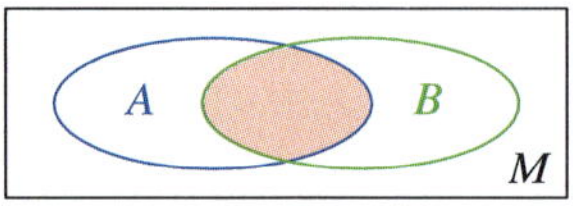

- $A \setminus B$ die **Differenzmenge** A ohne B.
  $A \setminus B := \{x \mid x \in A \text{ und } x \notin B\}$
  Gelesen: „A ohne B“

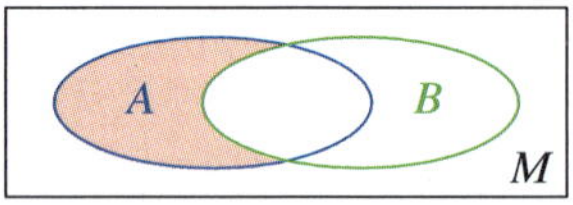

Produktmenge (Kartesisches Produkt)

Die *Produktmenge* $A \times B$ von A und B (Gelesen: „A Kreuz B“) besitzt alle *geordneten Paare* (a, b) als Elemente, wobei die erste *Komponente* a ein Element von A und die zweite b ein Element von B ist.
In Zeichen: $A \times B := \{(a, b) \mid a \in A \text{ und } b \in B\}$

Paare (a, b) und (c, d) sind genau dann *gleich*, wenn sowohl $a = c$ als auch $b = d$ gilt.

Relationen

Jede Teilmenge R von $A \times B$ heißt eine (zweistellige) *Relation* zwischen A und B.

Ordnungsrelation

Eine Menge M heißt *halbgeordnet*, wenn auf ihr eine zweistellige Relation R mit folgenden Eigenschaften erklärt ist: (Statt $(a, b) \in R$ wird $a \leq b$ geschrieben.)
reflexiv: Für alle $a \in M$ ist $a \leq a$,
identitiv: Ist $a \leq b$ und $b \leq a$, dann ist stets $a = b$.
transitiv: Ist $a \leq b$ und $b \leq c$, dann ist stets auch $a \leq c$.

M heißt sogar *totalgeordnet*, wenn zusätzlich folgende Forderung erfüllt ist:
konnex: Für alle a und b aus M gilt stets $a \leq b$ oder $b \leq a$.

Äquivalenzrelation

Eine Relation $R \subseteq M \times M$ heißt eine *Äquivalenzrelation* auf M, wenn sie folgende Eigenschaften besitzt: (Statt $(a, b) \in R$ schreiben wir $a \sim b$.)
reflexiv: Für alle a aus M ist $a \sim a$.
symmetrisch: Ist $a \sim b$, so ist stets auch $b \sim a$.
transitiv: Ist $a \sim b$ und $b \sim c$, so ist stets auch $a \sim c$.

Eine Äquivalenzrelation bewirkt eine Zerlegung der Menge M in *Äquivalenzklassen* (paarweise elementfremde Teilmengen). Dabei sind in jeder Teilmenge jeweils nur zueinander äquivalente Elemente.

Grundrechenoperationen

Operation	Term	Zahl a heißt	Zahl b heißt	Term heißt
	Strichrechnungen (Rechenoperationen 1. Ordnung)			
Addition	$a + b$	1. Summand	2. Summand	Summe
Subtraktion	$a - b$	Minuend	Subtrahend	Differenz
	Punktrechnungen (Rechenoperationen 2. Ordnung)			
Multiplikation	$a \cdot b$	1. Faktor	2. Faktor	Produkt
Division	$a : b$	Dividend	Divisor ($b \neq 0$)	Quotient
	Höhere Rechenarten (Rechenoperationen 3. Ordnung)			
Potenzieren	a^b	Basis	Exponent	Potenz
Radizieren	$\sqrt[n]{a}$	Radikand	Exponent n	n-te Wurzel
Logarithmieren	$\log_b a$	Numerus	Basis	Logarithmus

Vorrangregeln (Hierarchie der Rechenoperationen)

- Was in Klammern steht, wird zuerst gerechnet. (*Klammerregel*)
- Rechenoperationen höherer Ordnung haben Vorrang vor Operationen niederer Ordnung. Insbesondere gilt: „*Punktrechnung vor Strichrechnung*“.
- Aufeinanderfolgende Rechnungen gleicher Ordnung werden von links nach rechts ausgeführt.

Primzahlen

Eine ganze Zahl t heißt *Teiler* der ganzen Zahl z, wenn es eine ganze Zahl k so gibt, dass $z = k \cdot t$ gilt. Die Zahl k heißt der *Komplementärteiler* von t bezüglich z. Die Zahl z heißt ein *Vielfaches* von t und ein *Vielfaches* von k.
Jede von 0 und 1 verschiedene natürliche Zahl p, die außer den Teilern 1 und p keine weiteren Teiler besitzt, heißt eine *Primzahl.*
Jede von 0 und 1 und den Primzahlen verschiedene natürliche Zahl lässt sich (abgesehen von der Reihenfolge der Faktoren) auf eine und nur eine Weise als Produkt von Primzahlen darstellen (*Primfaktorzerlegung*).

Bruchrechnen

$a, b, c, d \in \mathbb{Z}$ • **alle Nenner $\neq 0$**

- Bruch: $\frac{a}{b}$; a heißt *Zähler*, b heißt *Nenner*; es ist $a : b = \frac{a}{b}$ für $b \neq 0$.

  Ist $a \neq 0$, so heißt $\frac{b}{a}$ *Kehrbruch* zu $\frac{a}{b}$. Es gilt: $\frac{a}{b} \cdot \frac{b}{a} = 1$.

- Gleichheit: $\frac{a}{b} = \frac{c}{d} \Leftrightarrow a : b = c : d \Leftrightarrow a \cdot d = b \cdot c$

  $\frac{a}{b} = \frac{c}{d} \Leftrightarrow$ Es gibt eine Zahl $k \neq 0$ mit $a = k \cdot c$ und $b = k \cdot d$.

- Erweitern: $\frac{a}{b} = \frac{a \cdot k}{b \cdot k}$ für $k \neq 0$

- Kürzen: $\frac{a}{b} = \frac{a : k}{b : k}$ für $k \neq 0$

- Addition und Subtraktion

  gleichnamiger Brüche

  $$\frac{a}{b} + \frac{c}{b} = \frac{a+c}{b}$$

  $$\frac{a}{b} - \frac{c}{b} = \frac{a-c}{b}$$

  ungleichnamiger Brüche

  $$\frac{a}{b} + \frac{c}{d} = \frac{ad+bc}{bd}$$

  $$\frac{a}{b} - \frac{c}{d} = \frac{ad-bc}{bd}$$

- Multiplikation

  $$\frac{a}{b} \cdot \frac{c}{d} = \frac{a \cdot c}{b \cdot d} = \frac{ac}{bd}$$

- Division

  $$\frac{a}{b} : \frac{c}{d} = \frac{a}{b} \cdot \frac{d}{c} = \frac{a \cdot d}{b \cdot c} = \frac{ad}{bc}$$

Positive und negative Zahlen

Ist $a > 0$, so heißt die Zahl a *positiv*; ist $a < 0$, so heißt a *negativ*.
Ist $a > 0$, dann ist $-a < 0$. Ist aber $a < 0$, dann ist $-a > 0$. Es ist $a + (-a) = 0$.
Rechenregeln: $-a = (-1) \cdot a$; $-(-a) = +a = a$; $-(a+b-c) = -a-b+c$
Subtraktion: $a - b = a + (-b)$; $a - (-b) = a + b$
Multiplikation: $(+a) \cdot (+b) = (-a) \cdot (-b) = +ab$ und
$(-a) \cdot (+b) = (+a) \cdot (-b) = -ab$

Betrag von *a*

$|a| = a$ für $a \geq 0$
$|a| = 0$ für $a = 0$
$|a| = -a$ für $a < 0$

$|a \cdot b| = |a| \cdot |b|$
$|a + b| \leq |a| + |b|$ (Dreiecksungleichung)
$|a| - |b| \leq |a - b| \leq |a| + |b|$

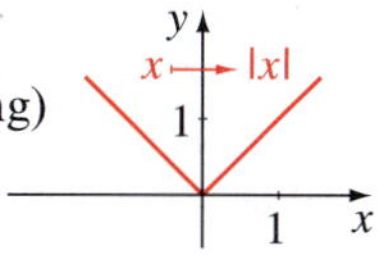

Signum von *a*

$\operatorname{sgn} a = -1$ für $a < 0$
$\operatorname{sgn} a = 0$ für $a = 0$
$\operatorname{sgn} a = 1$ für $a > 0$

Gaußklammer $[a]$ (auch $\lfloor a \rfloor$)

$[a]$ bezeichnet die größte ganze Zahl, die nicht größer als a ist:
$[a] := z$ mit $z \in \mathbb{Z}$ und $a - 1 < z \leq a$.

Darstellungen von Zahlen

- Eine **rationale Zahl** kann durch einen Bruch $\frac{p}{q}$ mit $p \in \mathbb{Z}$, $q \in \mathbb{Z} \setminus \{0\}$ angegeben werden. Dabei kann gefordert werden, dass p und q teilerfremd sind. Ihre Dezimalzahldarstellung ist *abbrechend* oder *periodisch*. Sind p und q teilerfremd, hat die Periode höchstens die Länge $q - 1$. Genau dann gibt es eine abbrechende Darstellung, wenn der Nenner q nur Potenzen von 2 oder von 5 oder beides als Teiler besitzt.

  Beispiele: $\frac{1}{9} = 0{,}\overline{1}$; $\frac{1}{99} = 0{,}\overline{01}$; $\frac{1}{90} = \frac{1}{10} \cdot \frac{1}{9} = 0{,}0\overline{1}$; $0{,}\overline{9} = 1$; $0{,}4\overline{9} = 0{,}5$

- Eine **irrationale Zahl** kann nicht durch einen Bruch mit ganzen Zahlen im Zähler und Nenner angegeben werden. Dezimalzahldarstellungen von Irrationalzahlen sind nicht abbrechend und nicht periodisch.

  Beispiele: $\sqrt{2}$, π, e, ...

- Eine **reelle Zahl** ist entweder rational oder irrational.
- In der **Normdarstellung** wird eine Zahl als Produkt einer Dezimalzahl und einer Zehnerpotenz geschrieben. Dabei hat die Dezimalzahl genau eine von 0 verschiedene Ziffer vor dem Komma.

  Beispiel: $a = 7{,}30 \cdot 10^4$; es ist $7{,}295 \cdot 10^4 = 72\,950 \leq a < 7{,}305 \cdot 10^4 = 73\,050$.

Intervallschachtelung

Eine Folge von Intervallen $[a_0, b_0]$, $[a_1, b_1]$, ..., $[a_n, b_n]$, ... heißt genau dann eine Intervallschachtelung, wenn folgende Forderungen erfüllt sind:

- (a_n) ist eine monoton steigende Zahlenfolge, also $a_{n+1} - a_n \geq 0$ für alle n;
- (b_n) ist eine monoton fallende Zahlenfolge, also $b_n - b_{n+1} \geq 0$ für alle n;
- $b_n \geq a_n$, also $b_n - a_n \geq 0$ für alle n, da Intervalle vorliegen;
- $\lim\limits_{n \to \infty} (b_n - a_n) = 0$.

Intervallschachtelungsaxiom

Zu jeder Intervallschachtelung gibt es genau eine („innerste") reelle Zahl r mit $a_n \leq r \leq b_n$ für alle $n \in \mathbb{N}$.

Komplexe Zahlen

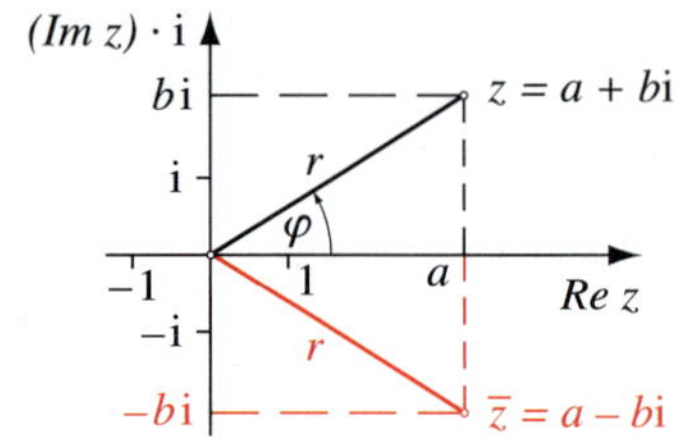

Normalform	$z = a + bi$ mit $a, b \in \mathbb{R}$, $i^2 = -1$ i die *imaginäre Einheit*, $a = \operatorname{Re} z$ der *Realteil* von z, $b = \operatorname{Im} z$ der *Imaginärteil* von z.
Polarform	$z = r(\cos\varphi + i \cdot \sin\varphi)$ mit $r \in \mathbb{R}$, $r \geq 0$, $0 \leq \varphi < 2\pi$ $r = \lvert z \rvert$ heißt der *Betrag* von z, φ heißt das *Argument* von z.
Exponentialform	$z = re^{i\varphi}$ mit $e^{i\varphi} = \cos\varphi + i\sin\varphi$, mit der eulerschen Zahl $e \approx 2{,}71828\ldots$
Zusammenhänge:	$r = \sqrt{a^2 + b^2}$; $\tan\varphi = \frac{b}{a}$; $\cos\varphi = \frac{a}{r}$; $\sin\varphi = \frac{b}{r}$
Addition	$z_1 + z_2 = (a_1 + b_1 i) + (a_2 + b_2 i) = a_1 + a_2 + (b_1 + b_2)i$
Multiplikation	$z_1 \cdot z_2 = (a_1 a_2 - b_1 b_2) + (a_1 b_2 + a_2 b_1)i$ $= r_1 r_2[\cos(\varphi_1 + \varphi_2) + i \cdot \sin(\varphi_1 + \varphi_2)]$
Potenzen	$z^n = [r(\cos\varphi + i \cdot \sin\varphi)]^n = r^n(\cos n\varphi + i \cdot \sin n\varphi) = r^n e^{in\varphi}$
konjugiert	$z = a + bi$ und $\bar{z} = a - bi$ heißen (*zueinander*) *konjugiert*. Ist $a + bi$ Nullstelle eines Polynoms $P_n(x) = a_n x^n + \ldots + a_1 x + a_0$ mit reellen Koeffizienten a_i, so ist auch $a - bi$ eine Nullstelle.
Körper	$(\mathbb{C}, +, \cdot)$ ist ein Körper.

Sachrechnen

Zu einer *Größe* u gehören eine *Maßzahl* x und eine *Maßeinheit* (*Einheit*).
Beispiel: Länge $u = 38{,}47\,\text{m}$; Maßzahl $x = 38{,}47$; Maßeinheit m (Meter).

Direkte Proportionalität

Größenpaare $(u_1 | v_1)$ und $(u_2 | v_2)$ heißen *quotientengleich*, wenn gilt: $\frac{v_1}{u_1} = \frac{v_2}{u_2}$.
Eine Zuordnung zweier Größen u und v, welche durchweg zu quotientengleichen Größenpaaren führt, heißt *Proportionalität* (*direkte Proportionalität*).
Dann gibt es eine feste Größe (den *Proportionalitätsfaktor*) k mit

$$\frac{v_1}{u_1} = \frac{v_2}{u_2} = \ldots = k.$$

Indirekte Proportionalität

Größenpaare $(u_1 | v_1)$ und $(u_2 | v_2)$ heißen *produktgleich*, wenn gilt: $u_1 \cdot v_1 = u_2 \cdot v_2$.
Eine Zuordnung zweier Größen u und v, welche durchweg zu produktgleichen Größenpaaren führt, heißt *indirekte* (*umgekehrte*) *Proportionalität*.
Dann gibt es eine feste Größe k mit $u_1 \cdot v_1 = u_2 \cdot v_2 = \ldots = k$.

Prozent und Promille

Prozent: $1\,\% = \frac{1}{100}$ • **Promille:** $1\,‰ = \frac{1}{1000}$

Prozentrechnung

Prozentwert W • Grundwert G • Prozentsatz $p\,\%$ • $p\,\%$ von G sind W

- Grundgleichung: $\frac{W}{G} = \frac{p}{100}$
- Prozentwert $W = \frac{p}{100} \cdot G = 0{,}01p \cdot G$

Zinsrechnung

Kapital K • Zinsen z für ein Jahr • Jahreszinssatz $p\,\% = \frac{p}{100}$ des Kapitals

Bei Sparbüchern hat ein Jahr 360 Zinstage und jeder Monat hat 30 Zinstage:

- Zinsen für ein Jahr: $z = \frac{p}{100} K$
- Zinsen für n Jahre (ohne Zinseszins) $z_n = \frac{K \cdot p \cdot n}{100}$
- Zinsen für m Monate: $z_m = \frac{K \cdot p \cdot m}{100 \cdot 12}$
- Zinsen für t Tage: $z_t = \frac{K \cdot p \cdot t}{100 \cdot 360}$

Bei anderen Anlageformen werden Zinsen taggenau und kalenderecht berechnet:

Zinsen für t Tage: $z_t = \frac{K \cdot p \cdot t}{100 \cdot 365}$

Zinseszinsrechnung

Jahreszinssatz $p\,\%$ • Zinsfaktor $q = 1 + 0{,}01p = 1 + \frac{p}{100}$ • Anzahl n der Jahre

- Endwert K_n des Anfangskapitals K_0 nach n Jahren: $K_n = K_0 \cdot q^n$

Rentenrechnung

Jahreszinssatz $p\,\%$ • Zinsfaktor $q = 1 + 0{,}01p$ • Anzahl n der Jahre

- Endwert K_n und Barwert B_n bei regelmäßigen Zahlungen der Jahresrate r am Jahresende (nachschüssige Zahlungsweise)

  $K_n = r \cdot \frac{q^n - 1}{q - 1}$ $\qquad$ $K_n = B_n \cdot q^n$

- Endwert K_n und Barwert B_n bei regelmäßigen Zahlungen der Jahresrate r am Jahresanfang (vorschüssige Zahlungsweise)

  $K_n = rq \cdot \frac{q^n - 1}{q - 1}$ $\qquad$ $K_n = B_n \cdot q^n$

Schuldentilgung

Jährliche Tilgungsrate r zur Tilgung einer Schuld S innerhalb von n Jahren bei einem gleich bleibenden Jahreszinssatz von $p\,\%$ (Zinsfaktor $q = 1 + 0{,}01p$) und (üblicher) nachschüssiger Zahlungsweise: $r = S \cdot \frac{q^n(q-1)}{q^n - 1}$

Endliche Folgen und Reihen

Arithmetische Folgen und Reihen

Anfangsglied a_1 • Endglied a_n • Differenz d • Anzahl n der Glieder

Endliche Folge: $a_1, a_2 = a_1 + d, \ldots, a_k = a_1 + (k-1)d, \ldots, a_n = a_1 + (n-1)d$
Die Differenz d zweier aufeinanderfolgender Glieder ist konstant.
Ein Glied ist *arithmetisches Mittel* seiner beiden Nachbarglieder:

$$a_k = \frac{a_{k-1} + a_{k+1}}{2} \quad \text{für } k \geq 2.$$

Summe der ersten n Glieder:

$$s_n = a_1 + a_2 + \ldots + a_n = \sum_{i=1}^{n} a_i = \frac{n}{2}(a_1 + a_n) = \frac{n}{2}[2a_1 + (n-1)d]$$

Geometrische Folgen und Reihen

Anfangsglied g_1 • Endglied g_n • Quotient q • Anzahl n der Glieder

Endliche Folge: $g_1, g_2 = g_1 q, \ldots, g_k = g_1 q^{k-1}, \ldots, g_n = g_1 q^{n-1}$
Der Quotient q zweier aufeinanderfolgender Glieder ist konstant.
Sind $g_1 > 0$ und $q > 0$, so ist ein Glied *geometrisches Mittel* seiner beiden Nachbarglieder: $g_k = \sqrt{g_{k-1}\, g_{k+1}}$ für $k \geq 2$.
Summe der ersten n Glieder:

$$s_n = g_1 + g_2 + \ldots + g_n = \sum_{i=1}^{n} g_i = g_1 \frac{q^n - 1}{q - 1} = g_1 \frac{1 - q^n}{1 - q} \quad \text{für } q \neq 1.$$

Unendliche geometrische Reihe

$$g_1 + g_1 q + g_1 q^2 + \ldots + g_1 q^{n-1} + \ldots = \lim_{n \to \infty} s_n = \frac{g_1}{1 - q} \quad \text{für } |q| < 1.$$

Einige Summenformeln

$1 + 2 + 3 + \ldots + n = \frac{1}{2}n(n+1)$	Summe der ersten n natürlichen Zahlen
$1 + 3 + 5 + \ldots + (2n-1) = n^2$	Summe der ersten n ungeraden Zahlen
$2 + 4 + 6 + \ldots + 2n = n(n+1)$	Summe der ersten n geraden Zahlen
$1^2 + 2^2 + 3^2 + \ldots + n^2 = \frac{1}{6}n(n+1)(2n+1)$	Summe der ersten n Quadratzahlen
$1^3 + 2^3 + 3^3 + \ldots + n^3 = \frac{1}{4}n^2(n+1)^2$	Summe der ersten n Kubikzahlen

Beweisverfahren der vollständigen Induktion

Vorgegeben ist eine Aussageform $A(n)$ bezüglich der Grundmenge $\mathbb{N}^*$.
Um nachzuweisen, dass diese Aussageform $A(n)$ bezüglich $\mathbb{N}^*$ allgemeingültig ist (dass ihre Lösungsmenge mit $\mathbb{N}^*$ zusammenfällt), genügt es zu zeigen:

1. Die Zahl 1 ist ein Lösungselement von $A(n)$. (*Induktionsanfang*)
2. Wenn n_0 ein Lösungselement von $A(n)$ ist, dann ist auch $n_0 + 1$ ein Lösungselement von $A(n)$. (*Induktionsschluss*, Schluss von n auf $n + 1$)

Rechengesetze

Für alle (nicht notwendig verschiedenen) Zahlen a, b, c gelten folgende Aussagen:

Kommutativgesetze	$a+b=b+a$	$a\cdot b=b\cdot a$
Assoziativgesetze	$a+(b+c)=(a+b)+c$	$a\cdot(b\cdot c)=(a\cdot b)\cdot c$
Distributivgesetz	$a\cdot(b+c)=a\cdot b+a\cdot c$	

Existenz und Eigenschaften der *neutralen Elemente* 0 und 1

Es ist $a+0=a$ für alle Zahlen a.	Es ist $1\cdot a=a$ für alle Zahlen a.

Existenz und Eindeutigkeit der *inversen Elemente*

Zu jeder Zahl a gibt es genau eine *Gegenzahl* $-a$ mit $a+(-a)=0$.	Zu jeder Zahl a mit $a\neq 0$ gibt es genau eine *Kehrzahl* $\frac{1}{a}$ mit $a\cdot\frac{1}{a}=1$.

Weitere *Eigenschaften* der Zahl 0

- Es ist $0\cdot a=0$ für alle Zahlen a.
- Ist $a\cdot b=0$, dann ist $a=0$ oder $b=0$ oder $a=b=0$.
- Für alle $u,v\in\mathbb{R}$ ist $u^2+v^2\geq 0$ und aus $u^2+v^2=0$ folgt $u=v=0$.
- Für alle Zahlen $a\neq 0$ ist $0:a=0$. Für alle Zahlen a ist $a:0$ nicht definiert.

Ungleichungen: $a<b$ ist gleichwertig zu $b-a>0$.

- Aus $a<b$ folgt $a+c<b+c$ für alle c.
- Aus $a<b$ folgt $ac<bc$ für $c>0$, **aber** $ac>bc$ für $c<0$.

Termumformungen

Ausmultiplizieren

$a(b+c-d)=ab+ac-ad$

$(a+b)^2=a^2+2ab+b^2$ (*1. binomische Formel*)

$(a-b)^2=a^2-2ab+b^2$ (*2. binomische Formel*)

$(a+b)(a-b)=a^2-b^2$ (*3. binomische Formel*)

$(a+b)^3=a^3+3a^2b+3ab^2+b^3$

$(a-b)^3=a^3-3a^2b+3ab^2-b^3$

$(a+b)^4=a^4+4a^3b+6a^2b^2+4ab^3+b^4$

Zerlegung in Faktoren

$ab+ac-ad=a(b+c-d)$ $\quad$ $a^2-b^2=(a+b)(a-b)$

$a^2+2ab+b^2=(a+b)^2$ $\quad$ $a^2-2ab+b^2=(a-b)^2$

a^2+b^2 ist in $\mathbb{R}$ nicht in *Linearfaktoren* zerlegbar.

$a^2+b^2=(|a|+|b|+\sqrt{2|ab|})(|a|+|b|-\sqrt{2|ab|})$

$a^3-b^3=(a-b)(a^2+ab+b^2)$ $\quad$ $a^3+b^3=(a+b)(a^2-ab+b^2)$

Potenzen

Definitionen: $a^n := a \cdot a \cdot a \cdot \ldots \cdot a$ mit n *Faktoren* für $a \in \mathbb{R}$, $n \in \mathbb{N} \setminus \{0; 1\}$.
a^n heißt die Potenz „a hoch n" mit der *Basis* (*Grundzahl*) a und der *Hochzahl* (dem Exponenten) n.

Definitionserweiterungen

$a^1 := a,\quad a^0 := 1$ für $a \neq 0$. (Gelegentlich auch $0^0 := 1$.)

Ganzzahlige Hochzahlen ($a \neq 0$, $n \in \mathbb{N}$):

$a^{-n} = \frac{1}{a^n};\quad a^n = \frac{1}{a^{-n}}$. Es gilt: $a^n \cdot a^{-n} = 1$.

Rationale Hochzahlen:

$a^{\frac{1}{n}} = \sqrt[n]{a}$ für $a \geq 0$; $n \in \mathbb{N}^*$

$a^{\frac{m}{n}} = \sqrt[n]{a^m}$ für $a \geq 0$; $n, m \in \mathbb{N}^*$ $\qquad a^{-\frac{m}{n}} = \frac{1}{\sqrt[n]{a^m}}$ für $a > 0$; $n, m \in \mathbb{N}^*$

Potenzgesetze (Im Folgenden wird vorausgesetzt, dass die Potenzen existieren.)

Multiplikation bzw. Division zweier Potenzen mit

gleicher Basis	*gleichem Exponenten*
$a^m \cdot a^n = a^{m+n}$	$a^n \cdot b^n = (a \cdot b)^n$
$a^n : a^m = a^{n-m}$ für $a \neq 0$	$a^n : b^n = (a : b)^n$; $\frac{a^n}{b^n} = \left(\frac{a}{b}\right)^n$ für $b \neq 0$

Potenzieren einer Potenz: $(a^n)^m = a^{mn} = (a^m)^n$

Wurzeln

$\sqrt[n]{a}$ ist für $n \in \mathbb{N}^*$ und $a \geq 0$ die eindeutig bestimmte, nicht-negative reelle Zahl, deren n-te Potenz a ist: $\sqrt[n]{a} = x$ mit $x \geq 0$ und $x^n = a$.
Gelesen: „n-te Wurzel aus …"
Es heißen n der *Wurzelexponent*, a der *Radikand*.

Speziell: $\sqrt{a}$ ist für $a \geq 0$ die eindeutig bestimmte nicht-negative reelle Zahl, deren Quadrat a ist: $(\sqrt{a})^2 = a$ für alle $a \geq 0$
Es ist $\sqrt{a^2} = a$ für $a \geq 0$, **aber** $\sqrt{a^2} = -a$ für $a < 0$.

Wurzelgesetze ($m, n, k \in \mathbb{N}^*$; $a \geq 0$, $b \geq 0$, $c > 0$)

$\sqrt[m]{a} \cdot \sqrt[n]{a} = \sqrt[mn]{a^{m+n}}$ $\qquad \sqrt[n]{a} \cdot \sqrt[n]{b} = \sqrt[n]{a \cdot b}$

$\sqrt[m]{a} : \sqrt[n]{a} = \sqrt[mn]{a^{n-m}}$ $\qquad \sqrt[n]{a} : \sqrt[n]{c} = \sqrt[n]{a : c}$

$(\sqrt[n]{a})^m = \sqrt[n]{a^m}$ $\qquad \sqrt[m]{\sqrt[n]{a}} = \sqrt[m \cdot n]{a}$ $\qquad \sqrt[n]{a^m} = \sqrt[k \cdot n]{a^{k \cdot m}}$ für $k \neq 0$

Logarithmen

Definition: $\log_b x$ („Logarithmus von x zur Basis b") ist die eindeutig bestimmte reelle Zahl, mit der b potenziert werden muss, um x zu erhalten: $b^{\log_b x} = x$.
Es ist $y = \log_b x$ für $b > 0$ und $b \neq 1$ und für $x > 0$ definiert.
Man nennt x *Numerus*, b *Basis* und y den *Logarithmus* von x zur Basis b.

Dekadische Logarithmen (Zehnerlogarithmen): $\lg = \log_{10}$
Natürliche Logarithmen: $\ln = \log_e$ mit der eulerschen Zahl $e \approx 2{,}71828\ldots$

Basiswechsel:	$\log_c x = \dfrac{\log_b x}{\log_b c}$	Es ist $a^x = e^{x \cdot \ln a}$.	
Besondere Werte:	$\log_b (b^r) = r$	$\log_b b = 1$	$\log_b 1 = 0$
Monotoniegesetze:	Wenn $0 < u < v$, dann $\log_b u < \log_b v$, falls $b > 1$; wenn $0 < u < v$, dann $\log_b u > \log_b v$, falls $0 < b < 1$.		

Logarithmengesetze (feste Basis $b > 0$ und $b \neq 1$; $u > 0$, $v > 0$; $r \in \mathbb{R}$)

Logarithmus eines Produkts:	$\log(u \cdot v) = \log u + \log v$
Logarithmus eines Quotienten:	$\log(u : v) = \log u - \log v$
Logarithmus einer Potenz:	$\log(u^r) = r \cdot \log u$

Grundbegriffe der Gleichungslehre

Sind T_l und T_r Terme über der gleichen *Grundmenge* G, so heißt $T_l = T_r$ eine *Gleichung* bezüglich der Grundmenge G. Enthält mindestens ein Term eine Variable, so ist die Gleichung eine *Aussageform*.

- Diejenigen Elemente der Grundmenge G, nach deren Einsetzung für die Variablen die Gleichung eine Aussage ist, bilden die *Definitionsmenge* D.
- Diejenigen Elemente der Grundmenge G, nach deren Einsetzung für die Variablen die Gleichung eine wahre Aussage ist, bilden die *Lösungsmenge* L.
- Eine Gleichung heißt bezüglich der Grundmenge G
  allgemeingültig, wenn $L = G$,
  lösbar (erfüllbar), wenn $L \subseteq G$ und $L \neq \{\ \}$,
  unlösbar (nicht erfüllbar), wenn $L = \{\ \}$.
- Zwei Gleichungen A_1 und A_2 heißen bezüglich einer Grundmenge G (zueinander) *äquivalent*, wenn sie die gleiche Lösungsmenge L besitzen.
- Eine Umformung, durch welche eine Gleichung A_1 durch eine zu ihr äquivalente Gleichung A_2 ersetzt wird, heißt *Äquivalenzumformung*.
- Wird zu beiden Seiten einer Gleichung der gleiche auf der Definitionsmenge der Gleichung definierte Term addiert, so ändert sich die Lösungsmenge nicht.
- Werden beide Seiten einer Gleichung mit dem gleichen auf der Definitionsmenge der Gleichung definierten Term multipliziert, so ändert sich die Lösungsmenge nur dann sicher nicht, wenn der Term nicht den Wert 0 annimmt.

Lineare Gleichungssysteme mit zwei Variablen

Werden zwei lineare Gleichungen mit zwei Variablen konjunktiv (durch „und“) verknüpft, so entsteht ein lineares Gleichungssystem

$$ax + by = c$$
$$dx + ey = f \quad \text{bezüglich der Grundmenge } \mathbb{R} \times \mathbb{R}.$$

Die Zahlen a, b, c und d heißen *Koeffizienten*, c und f heißen *Absolutglieder*. Lösungsverfahren sind neben anderen Additionsverfahren, Einsetzungsverfahren Gleichsetzungsverfahren und Determinantenverfahren.

Determinanten des Gleichungssystems:
$D = ae - bd$; $D_1 = ce - bf$; $D_2 = af - cd$

1. Fall: $D \neq 0$
Die Lösungsmenge hat ein Element: $L = \{(D_1 : D, D_2 : D)\}$.

2. Fall: $D = 0$, $D_1 \neq 0$ oder $D_2 \neq 0$,
Das Gleichungssystem ist unerfüllbar: $L = \{\ \}$.

3. Fall: $D = 0$, $D_1 = 0$ und $D_2 = 0$.
Die Lösungsmenge hat unendlich viele Elemente (Die beiden Gleichungen sind äquivalent.): $L = \{(x, y) | ax + by = c \text{ und } x, y \in \mathbb{R}\}$.

Quadratische Gleichungen mit einer Variablen

Allgemeine Form	**Normierte Form**
$ax^2 + bx + c = 0$ mit $a \neq 0$	$x^2 + px + q = 0$

Bezüglich der Grundmenge $\mathbb{C}$ ergibt sich die Lösungsmenge $L = \{x_1, x_2\}$ mit:

$x_{1;2} = \dfrac{-b \pm \sqrt{b^2 - 4ac}}{2a}$	$x_{1;2} = -\dfrac{1}{2}p \pm \sqrt{\dfrac{p^2}{4} - q} = -\dfrac{p}{2} \pm \sqrt{\left(\dfrac{p}{2}\right)^2 - q}$

Bezüglich der Grundmenge $\mathbb{R}$ sind drei mögliche Fälle zu unterscheiden. Diese werden durch die *Diskriminante D* festgelegt:

$D = b^2 - 4ac$	$D = \dfrac{p^2}{4} - q = \left(\dfrac{p}{2}\right)^2 - q$

Ist $D > 0$, so erhält man zwei verschiedene reelle Lösungselemente (zwei Lösungen): $L = \{x_1, x_2\}$;

ist $D = 0$, so erhält man ein reelles Lösungselement (zwei zusammenfallende Lösungen): $L = \{x_1\} = \{x_2\}$;

ist $D < 0$, so erhält man kein reelles Lösungselement (keine Lösung): $L = \{\ \}$.

Satz von Vieta

Für die Lösungselemente (Lösungen) x_1 und x_2 gilt:

$x_1 + x_2 = -\dfrac{b}{a}$ und $x_1 \cdot x_2 = \dfrac{c}{a}$	$x_1 + x_2 = -p$ und $x_1 \cdot x_2 = q$

Zerlegung in Linearfaktoren

$a(x - x_1)(x - x_2) = 0$	$(x - x_1)(x - x_2) = 0$

Gleichungen *n*-ten Grades

- Lösungselemente (Lösungen) der Gleichung n-ten Grades $a_n x^n + a_{n-1} x^{n-1} + \ldots + a_2 x^2 + a_1 x + a_0 = 0$ mit $a_n \neq 0$ heißen auch *Nullstellen* des *Polynoms* $P_n(x) = a_n x^n + a_{n-1} x^{n-1} + \ldots + a_2 x^2 + a_1 x + a_0$.
- Ist x_1 eine (durch Probieren gefundene) Nullstelle des Polynoms $P_n(x)$, kann dieses mittels *Polynomdivision* ohne Rest durch $x - x_1$ dividiert werden.
  $P_n(x) = (x - x_1)(b_{n-1} x^{n-1} + \ldots + b_2 x^2 + b_1 x + b_0) = (x - x_1) P_{n-1}(x)$
  Ist $P_n(x) = (x - x_1)^k P_{n-k}(x)$ und x_1 keine Nullstelle von $P_{n-k}(x)$, so ist x_1 eine Nullstelle von $P_n(x)$ mit der *Vielfachheit k*.
- Jedes Polynom n-ten Grades hat in der Menge der komplexen Zahlen genau n Nullstellen, wobei diese in ihrer Vielfachheit zu zählen sind. Dabei sind im Polynom auch komplexe Koeffizienten zugelassen. (*Fundamentalsatz der Algebra*)
  Sind $x_1, x_2, \ldots, x_n$ (nicht notwendig verschieden) Lösungselemente, so kann $P_n(x)$ in Linearfaktoren zerlegt werden: $P_n(x) = a_n(x - x_1)(x - x_2)\ldots(x - x_n)$.
- Hat ein Polynom $P_n(x) = a_n x^n + a_{n-1} x^{n-1} + \ldots + a_2 x^2 + a_1 x + a_0$ nur ganzzahlige Koeffizienten a_i, so ist jede denkbare ganzzahlige Nullstelle ein (positiver oder negativer) Teiler von a_0.

Aussagenlogik

Menge der Wahrheitswerte $W = \{\text{w}, \text{f}\}$; w (wahr), f (falsch).
$(W, \vee, \wedge, \neg)$ ist eine *boolesche Algebra*. $(W, \oplus, \wedge)$ ist ein Körper.

Negation	$\neg p$	nicht p; non p
Konjunktion	$p \wedge q$	p und q; sowohl p als auch q.
Disjunktion	$p \vee q$	p oder q (nicht ausschließendes oder); p vel q.
Alternative	$p \oplus q$	entweder p oder q (ausschließendes oder); p aut q. $p \oplus q = (p \wedge \neg q) \vee (\neg p \wedge q)$
Subjunktion	$p \rightarrow q$	wenn p, dann q; wenn p, so q; p subjungiert q. $p \rightarrow q = \neg p \vee q$
Bijunktion	$p \leftrightarrow q$	genau dann p, wenn q; p bijungiert q. $p \leftrightarrow q = (p \wedge q) \vee (\neg p \wedge \neg q)$

Wahrheitswertetafel

p	q	$\neg p$	$p \wedge q$	$p \vee q$	$p \oplus q$	$p \rightarrow q$	$p \leftrightarrow q$
w	w	f	w	w	f	w	w
w	f	f	f	w	w	f	f
f	w	w	f	w	w	w	f
f	f	w	f	f	f	w	w

Algebraische Grundstrukturen

Eine (zweistellige) *innere Verknüpfung* $\circ$ auf einer (nicht-leeren) Menge M ist eine Abbildung der Produktmenge $M \times M$ in die Menge M.
$(M, \circ)$ heißt eine *algebraische Struktur* (ein Verknüpfungsgebilde).
Wird $(a, b) \in M \times M$ bei der Verknüpfung $\circ$ in c abgebildet, so wird $a \circ b = c$ oder $\circ(a, b) = c$ geschrieben. (Vergleiche: $13 + 7 = 20$; $\max(3; 7) = 7$).

Gruppe

Eine algebraische Struktur $(G, \circ)$ heißt *Gruppe*, wenn folgende Gesetze erfüllt sind:

Assoziativgesetz

Für alle a, b und c aus G ist $a \circ (b \circ c) = (a \circ b) \circ c$.

Existenz und Eindeutigkeit eines *neutralen Elementes*

Es gibt in G genau ein neutrales Element n derart, das für alle a aus G gilt:

$$a \circ n = n \circ a = a.$$

Existenz und Eindeutigkeit der *inversen Elemente*

Zu jedem a aus G gibt es genau ein inverses Element a^{-1} aus G mit

$$a \circ a^{-1} = a^{-1} \circ a = n.$$

Eine Gruppe $(G, \circ)$ heißt eine *kommutative* (*abelsche*) *Gruppe*, wenn das *Kommutativgesetz* erfüllt ist: Für alle a und b aus G ist $a \circ b = b \circ a$.

Eine Eigenschaft: *Eindeutige Lösbarkeit von Gleichungen*

- In jeder Gruppe gibt es zu vorgegebenen a und b aus G stets genau ein x aus G mit $x \circ a = b$ und genau ein y aus G mit $a \circ y = b$.

Beispiele: $(\mathbb{Z}, +)$; $(\mathbb{R}, +)$, $(\mathbb{Q} \setminus \{0\}; \cdot)$; $(\mathbb{R} \setminus \{0\}; \cdot)$; Menge der *Kongruenzabbildungen* der Ebene mit dem Hintereinanderausführen; Menge der *Ähnlichkeitsabbildungen* der Ebene mit dem Hintereinanderausführen.

Körper

Eine algebraische Struktur $(K, +, \cdot)$ heißt ein *Körper*, wenn folgende Bedingungen erfüllt sind:

- $(K, +)$ ist eine kommutative Gruppe mit dem neutralen Element 0 (Null).
- $(K \setminus \{0\}, \cdot)$ ist eine kommutative Gruppe mit dem neutralen Element 1 (Eins).
- das *Distributivgesetz*: Für alle a, b und c aus K ist $a \cdot (b + c) = a \cdot b + a \cdot c$.

Weitere Eigenschaften:

- Jeder Körper ist *nullteilerfrei*, das heißt, dass aus $a \cdot b = 0$ stets $a = 0$ oder $b = 0$ oder $a = b = 0$ folgt.
- Zu beliebigen fest vorgegebenen a und b mit $a \neq 0$ aus K gibt es stets genau ein x aus K mit $a \cdot x = b$.
  Man schreibt: $x = b : a$ (Existenz und Eindeutigkeit der *Division* durch $a \neq 0$).

Beispiele: $(\mathbb{Q}, +, \cdot)$, $(\mathbb{R}, +, \cdot)$, $(\mathbb{C}, +, \cdot)$,
Körper der *Restklassen modulo p*, wobei p eine Primzahl ist.

Boolesche Algebra

Eine algebraische Struktur mit der Trägermenge B, zwei zweistelligen Verknüpfungen $\vee$ und $\wedge$ sowie einer einstelligen Verknüpfung $\bar{\ }$ (Abbildung von B in B) heißt eine boolesche Algebra, wenn folgende Gesetze erfüllt sind:

Kommutativgesetze	$a \vee b = b \vee a$	$a \wedge b = b \wedge a$
Distributivgesetze	$a \vee (b \wedge c) = (a \vee b) \wedge (a \vee c)$	$a \wedge (b \vee c) = (a \wedge b) \vee (a \wedge c)$

Es gibt ein *Nullelement* 0 und ein *Einselement* 1 so, dass für alle $a \in B$ gilt:

$a \vee 0 = a$	$a \wedge 1 = a$

Zu jedem $a \in B$ gibt es genau ein *Komplement* $\bar{a}$ mit

$a \wedge \bar{a} = 0$	$a \vee \bar{a} = 1$

Weitere Eigenschaften:

Assoziativgesetze	$a \vee (b \vee c) = (a \vee b) \vee c$	$a \wedge (b \wedge c) = (a \wedge b) \wedge c$
Idempotenzgesetze	$a \vee a = a$	$a \wedge a = a$
Absorptionsgesetze	$a \vee (a \wedge b) = a$	$a \wedge (a \vee b) = a$
Gesetze von de Morgan	$\overline{a \vee b} = \bar{a} \wedge \bar{b}$	$\overline{a \wedge b} = \bar{a} \vee \bar{b}$

Satz vom doppelten Komplement	Es ist $\bar{\bar{a}} = a$ für alle $a \in B$.
Aussage über das Einselement	Es ist $a \vee 1 = 1$ für alle $a \in B$.
Aussage über das Nullelement	Es ist $a \wedge 0 = 0$ für alle $a \in B$.

Halbordnung

Jeder booleschen Algebra kann eine Halbordnung zugeordnet werden:
Ist $a \vee b = b$, dann ist $a \leq b$ und umgekehrt.

Beispiele

- Die Menge $\mathrm{W} = \{\mathrm{w}, \mathrm{f}\}$ der *Wahrheitswerte* ist Trägermenge einer booleschen Algebra mit den Verknüpfungen Disjunktion, Konjunktion und Negation. Dabei ist f das neutrale Element bezüglich der Disjunktion und w ist das neutrale Element bezüglich der Konjunktion.
- Die *Potenzmenge* einer Menge M (Menge der Teilmengen von M) ist Trägermenge einer booleschen Algebra mit Vereinigungsmengenbildung, Schnittmengenbildung und Bildung des Komplements als Verknüpfungen.
- Enthält die Primfaktorzerlegung der natürlichen Zahl n keine Primzahl mehrfach, so kann über der *Menge der Teiler* von n mit den Verknüpfungen kgV (kleinstes gemeinsames Vielfaches) und ggT (größter gemeinsamer Teiler) eine boolesche Algebra aufgebaut werden.

Winkel

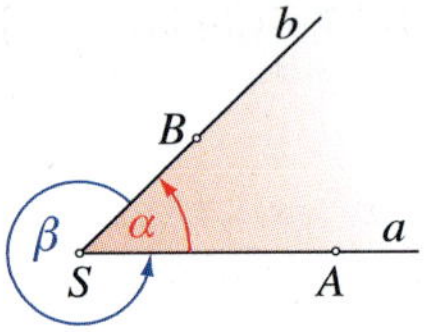

Wird die Halbgerade a im positiven Drehsinn (entgegen dem Uhrzeigersinn) in die Halbgerade b gedreht, dann überstreicht die Halbgerade a den orientierten Winkel $\sphericalangle(a, b) = \sphericalangle ASB$ der *Größe* (der *Weite*) α.
Die Halbgeraden $[SA$ und $[SB$ heißen die *Schenkel*, der gemeinsame Punkt S der *Scheitel* des Winkels.

Die Größe eines Winkels wird im Gradmaß α oder im Bogenmaß x gemessen.

Gradmaß $1^\circ = 60'$ (Gelesen: „ein Grad gleich 60 Minuten")
$1' = 60''$ (Gelesen: „eine Minute gleich 60 Sekunden")

Bogenmaß Zugrunde liegt ein Kreis mit dem Radius r.

$$x = \operatorname{arc}\alpha := \frac{b}{r}$$

Hat der Kreis den Radius 1 LE (*Einheitskreis*), ist x die Maßzahl der zugehörigen Bogenlänge.

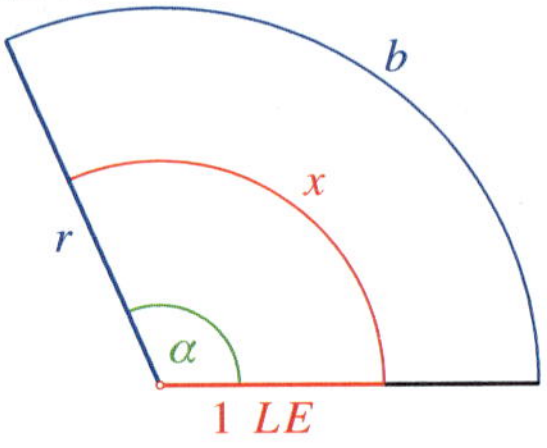

Umrechnungen $\alpha = \dfrac{360^\circ}{2\pi} \cdot x$ und $x = \dfrac{\pi}{180^\circ} \cdot \alpha$

Winkelarten Ein Winkel der Größe (der Weite) α heißt

spitzer Winkel,	wenn gilt: $0^\circ < \alpha < 90^\circ$;
rechter Winkel,	wenn gilt: $\alpha = 90^\circ$;
stumpfer Winkel,	wenn gilt: $90^\circ < \alpha < 180^\circ$;
gestreckter Winkel,	wenn gilt: $\alpha = 180^\circ$;
überstumpfer Winkel,	wenn gilt: $180^\circ < \alpha < 360^\circ$;
Vollwinkel,	wenn gilt: $\alpha = 360^\circ$.

Winkel zwischen zwei sich schneidenden Geraden

Die Größen von *Nebenwinkeln* ergänzen sich zu 180°:
$\alpha + \beta = 180^\circ$ und $\beta + \gamma = 180^\circ$
$\gamma + \delta = 180^\circ$ und $\delta + \alpha = 180^\circ$
Scheitelwinkel sind gleich groß:
$\alpha = \gamma$ und $\beta = \delta$

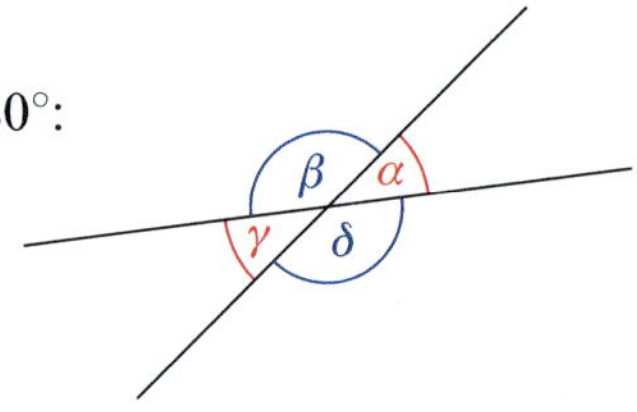

Winkel an geschnittenen Parallelen

Stufenwinkel an Parallelen sind gleich groß:
$\alpha = \alpha'$ und $\beta = \beta'$
$\gamma = \gamma'$ und $\delta = \delta'$
Wechselwinkel an Parallelen sind gleich groß:
$\alpha = \gamma'$ und $\beta = \delta'$
$\gamma = \alpha'$ und $\delta = \beta'$

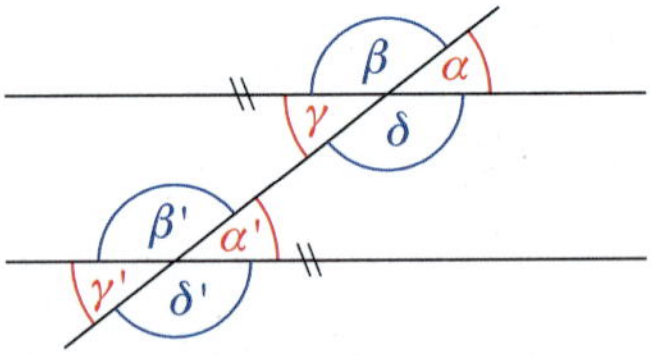

Berechnungen am Dreieck

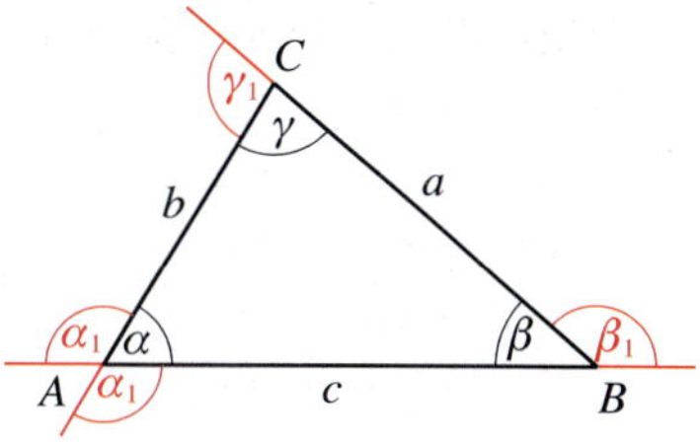

Winkelsumme In jedem Dreieck ist die Summe der Größen der Innenwinkel 180°: $\alpha + \beta + \gamma = 180°$

Außenwinkel Jeder Außenwinkel ist so groß wie die Summe der Größen der beiden nicht anliegenden Innenwinkel. $\alpha_1 = \beta + \gamma$, $\beta_1 = \gamma + \alpha$, $\gamma_1 = \alpha + \beta$

Zyklische Vertauschung (**Z**) weist darauf hin, dass weitere gültige Formeln durch zyklische Vertauschung gewonnen werden können: $A \to B$, $B \to C$, $C \to A$ und $a \to b$, $b \to c$, $c \to a$ und $\alpha \to \beta$, $\beta \to \gamma$, $\gamma \to \alpha$.

Dreiecksungleichungen Die Summe zweier Seitenlängen ist größer als die Länge der dritten Seite.
$a + b > c$ (**Z**) $a + b > c$, $b + c > a$, $c + a > b$.
Der Betrag der Differenz zweier Seitenlängen ist kleiner als die Länge der dritten Seite.
$|a - b| < c$ (**Z**) $|a - b| < c$, $|b - c| < a$, $|c - a| < b$.

Seite-Winkel-Beziehung Der längeren Seite liegt der größere Winkel gegenüber
Wenn $a > b$, dann $\alpha > \beta$. (**Z**)
Dem größeren Winkel liegt die längere Seite gegenüber.
Wenn $\alpha > \beta$, dann $a > b$. (**Z**)

Umfang $u = a + b + c = 2s$

Flächeninhalt $A = \frac{1}{2} c \cdot h_c$ (**Z**) $A = \frac{1}{2} c \cdot h_c = \frac{1}{2} a \cdot h_a = \frac{1}{2} b \cdot h_b$

$A = \sqrt{s(s-a)(s-b)(s-c)}$ mit $2s = a + b + c$ (*Heron*)

$A = \varrho \cdot s$ mit dem Inkreisradius ϱ und $2s = a + b + c$

$A = \frac{abc}{4r}$ mit dem Radius r des Umkreises

$A = \frac{1}{2} ab \sin\gamma$ (**Z**) $A = \frac{1}{2} ab \sin\gamma = \frac{1}{2} bc \sin\alpha = \frac{1}{2} ca \sin\beta$

Höhen $h_a : h_b = b : a$ (**Z**) $h_a = b \sin\gamma = c \sin\beta$ (**Z**)

Seitenhalbierende $s_a = \frac{1}{2}\sqrt{2(b^2 + c^2) - a^2} = \frac{1}{2}\sqrt{b^2 + c^2 + 2bc\cos\alpha}$ (**Z**)

Winkelhalbierende $w_\alpha = \frac{2}{b+c}\sqrt{bcs(s-a)} = \frac{2bc}{b+c}\cos(0{,}5\alpha)$ (**Z**)

Sinussatz

$$\frac{a}{\sin\alpha} = \frac{b}{\sin\beta} = \frac{c}{\sin\gamma} = 2r \quad \text{(Umkreisradius } r\text{)}$$

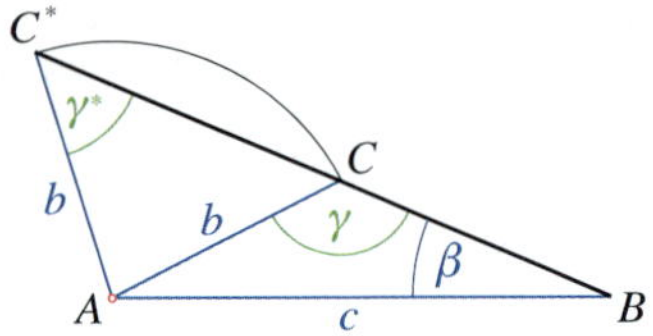

Sind zur Dreiecksberechnung die Längen von zwei Seiten und die Größe des der kleineren Seite gegenüberliegenden Winkels vorgegeben, so kann es zwei nichtkongruente Dreiecke mit diesen Größen geben.

Anmerkung: Ist $\sin\gamma = u$, dann ist auch $\sin\gamma^* = u$ für $\gamma^* = 180° - \gamma$.

Kosinussatz

$a^2 = b^2 + c^2 - 2bc\cos\alpha$ **(Z)** $\qquad \cos\alpha = \dfrac{b^2 + c^2 - a^2}{2bc}$ **(Z)**

Anmerkung: $\cos(180° - \alpha) = -\cos\alpha$

Spezielle Dreiecke

Ein Dreieck heißt

- *spitzwinklig*, wenn jeder Innenwinkel kleiner als 90° ist;
- *rechtwinklig*, wenn ein Innenwinkel ein rechter Winkel ist;
- *stumpfwinklig*, wenn ein Innenwinkel größer als 90° ist.

Ein Dreieck heißt

- *gleichschenklig*, wenn es mindestens zwei gleich lange Seiten hat;
- *gleichseitig*, wenn die drei Seiten gleich lang sind.

Gleichseitiges Dreieck

$a = b = c$; $\alpha = \beta = \gamma = 60°$

Es gibt drei Symmetrieachsen.
Jede Höhe ist auch Seitenhalbierende, Winkelhalbierende und Mittelsenkrechte.

$$A = \frac{\sqrt{3}}{4}a^2$$

$$h = \frac{\sqrt{3}}{2}a$$

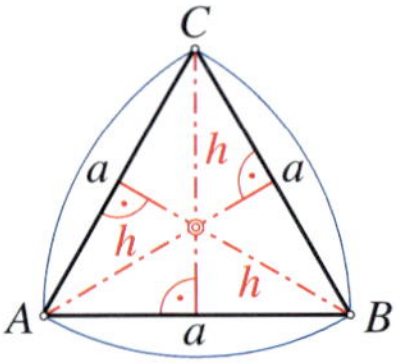

Gleichschenkliges Dreieck

Es gibt mindestens eine Symmetrieachse.
Ist $a = b$ und $a \neq c$, so nennt man a und b Schenkel und c die Basis.
Ist $a = b$, dann ist $\alpha = \beta$.
Ist $\alpha = \beta$, dann ist $a = b$.

$$A = \frac{c}{4}\sqrt{4a^2 - c^2}$$

$$h_c = \frac{1}{2}\sqrt{4a^2 - c^2}$$

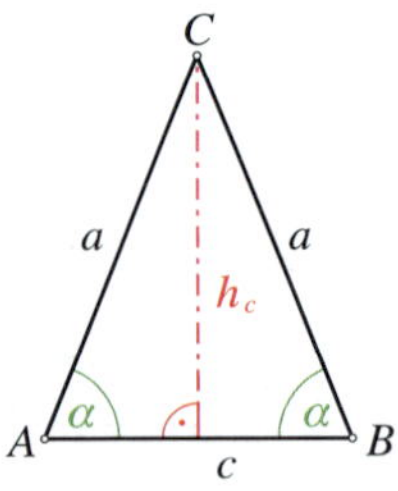

Rechtwinkliges Dreieck

Ist $\gamma = 90^\circ$, so heißen a und b Längen der Katheten, c die Länge der Hypotenuse, p und q Längen der Hypotenusenabschnitte, $h = h_C$ Länge der Höhe des Dreiecks.

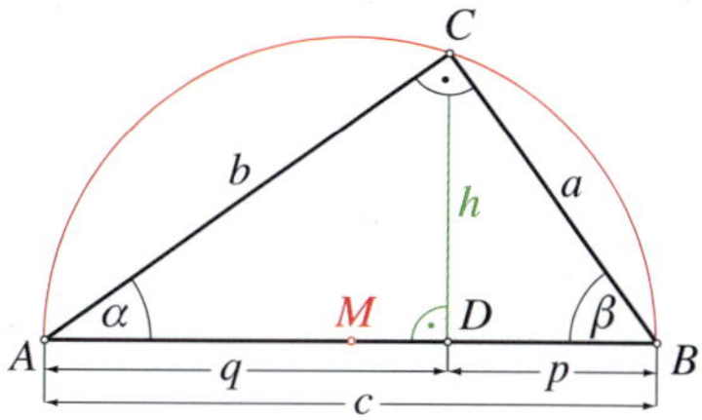

- *Flächeninhalt*
  Ist $\gamma = 90^\circ$, dann ist $A = \frac{1}{2}ch = \frac{1}{2}ab$.
- *Satz von Pythagoras*
  Ist $\gamma = 90^\circ$, dann ist $a^2 + b^2 = c^2$.
- *Umkehrung des Satzes von Pythagoras*
  Ist $a^2 + b^2 = c^2$, dann ist $\gamma = 90^\circ$.
- *Höhensatz*
  Ist $\gamma = 90^\circ$, dann ist $h^2 = pq$.
- *Kathetensatz*
  Ist $\gamma = 90^\circ$, dann ist $a^2 = cp$ und $b^2 = cq$.
- *Doppelter Flächeninhalt*
  Ist $\gamma = 90^\circ$, dann ist $ch = ab$.

Vierecke

Umfang u ● Flächeninhalt A

Allgemeines Viereck

- Gegenseiten sind [AB] und [DC] sowie [BC] und [AD].
- Längen der Seiten:
  $a = \overline{AB}$, $b = \overline{BC}$, $c = \overline{CD}$, $d = \overline{DA}$.
- Längen der Diagonalen:
  $e = \overline{AC}$, $f = \overline{BD}$.
- Summe der Größen der Innenwinkel:
  $\alpha + \beta + \gamma + \delta = 360^\circ$.

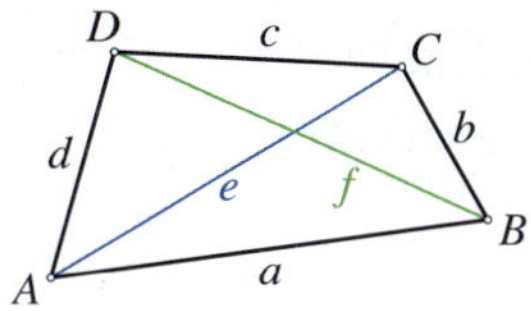

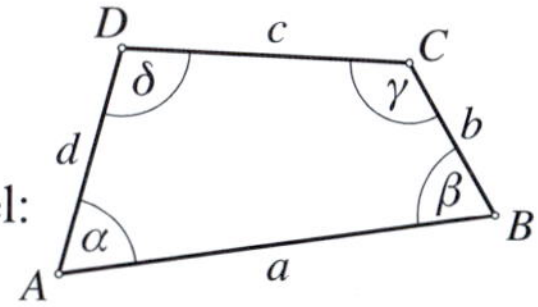

Parallelogramm (Rhomboid)

- Die Gegenseiten sind parallel.
- Punktsymmetrisch bezüglich S.
- Die Diagonalen halbieren einander.

$a = c$, $b = d$
$\alpha = \gamma$, $\beta = \delta$
$\alpha + \beta = \beta + \gamma = 180^\circ$
$2(a^2 + b^2) = e^2 + f^2$
$u = 2(a + b)$
$A = ah_a = bh_b = ab \sin\alpha$

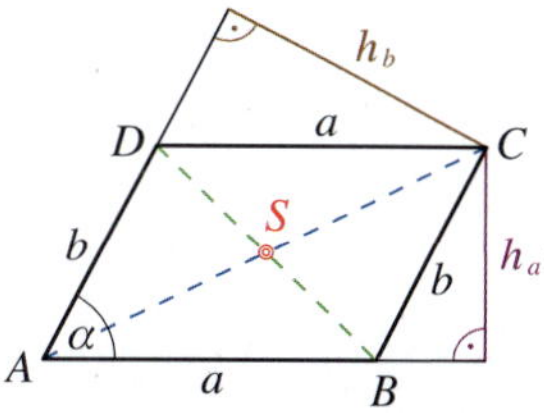

Drachenviereck

- Mindestens eine Diagonalgerade ist Symmetrieachse.
- Die Diagonalen sind orthogonal.

Beispiel: $a = b$, $c = d$, dann $\alpha = \gamma$.

$u = 2a + 2c$

$A = \frac{1}{2}ef$

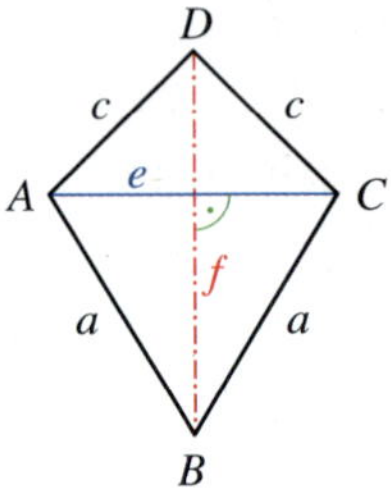

Trapez

- Mindestens zwei Seiten sind parallel.

h Höhe (Abstand der Parallelen)
m Länge der Mittelparallelen

Beispiel: [AB] parallel [DC]

$u = a + b + c + d$

$A = \frac{a + c}{2}h = mh$

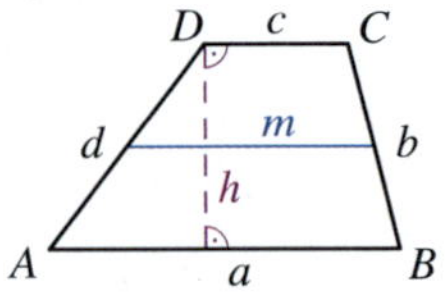

Gleichschenkliges Trapez

- Die Mittelsenkrechte der parallelen Seiten ist Symmetrieachse.

Beispiel:
Sind $[AB]$ und $[CD]$ parallel und $b = d$,
dann $\alpha = \beta$, $\gamma = \delta$ und $e = f$.

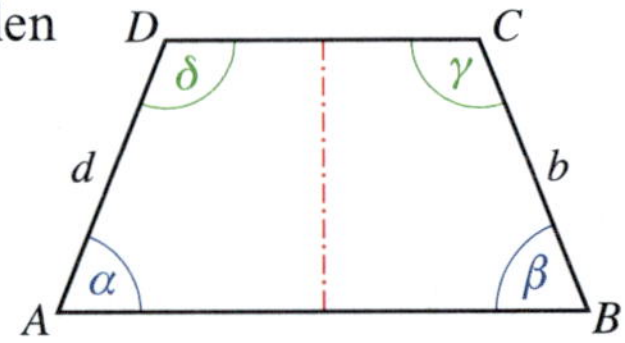

Raute (Rhombus)

- Parallelogramm und Drachen
- Vier gleich lange Seiten.
- Zweifach diagonalsymmetrisch, punktsymmetrisch bezüglich S.
- Die Diagonalen halbieren einander und sind zueinander senkrecht.

$4a^2 = e^2 + f^2$

$u = 4a$

$A = ah = \frac{1}{2}ef = a^2 \sin\alpha$

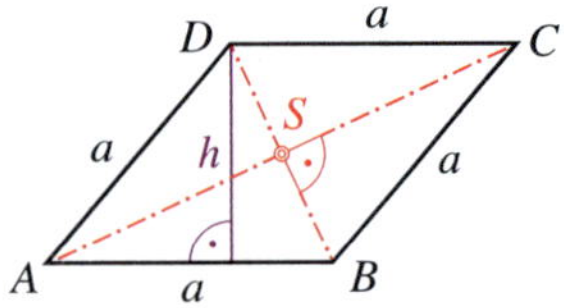

Rechteck

- Parallelogramm und gleichschenkliges Trapez
- Vier rechte Winkel: $\alpha = \beta = \gamma = \delta = 90°$.
- Zwei orthogonale Symmetrieachsen, punktsymmetrisch bezüglich S.

$a = c$, $b = d$

$e = f = \sqrt{a^2 + b^2}$

$u = 2a + 2b$

$A = ab$

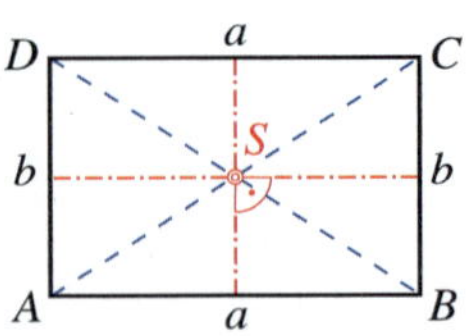

Quadrat

- Raute und Rechteck
- Gleich lange Seiten, vier rechte Winkel.
- Vier Symmetrieachsen, vierfach drehsymmetrisch zu S.
- Die Diagonalen sind orthogonal und halbieren einander.
  $e = f = \sqrt{2}a$
  $u = 4a$
  $A = a^2 = 0{,}5e^2$

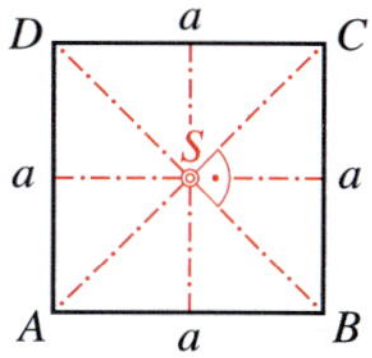

Sehnenviereck

- Die Eckpunkte liegen auf einem Kreis – dem *Umkreis*.
- In jedem Sehnenviereck ist $\alpha + \gamma = \beta + \delta = 180°$.
- Ist in einem Viereck $\alpha + \gamma = \beta + \delta = 180°$, dann ist das Viereck ein Sehnenviereck.
- $ac + bd = ef$ (*Satz des Ptolemäus*)

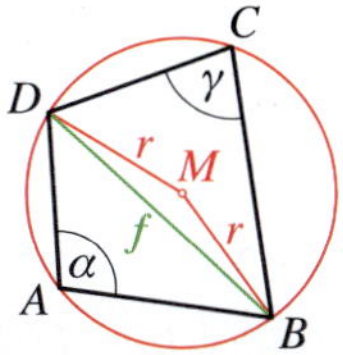

Tangentenviereck

- Es gibt einen Kreis, der die vier Seiten berührt – den *Inkreis*.
- In jedem Tangentenviereck ist $a + c = b + d$.
- Ist in einem Viereck $a + c = b + d$, dann ist es ein Tangentenviereck.
  $A = \frac{1}{2}\varrho(a+b+c+d)$ mit dem Inkreisradius ϱ

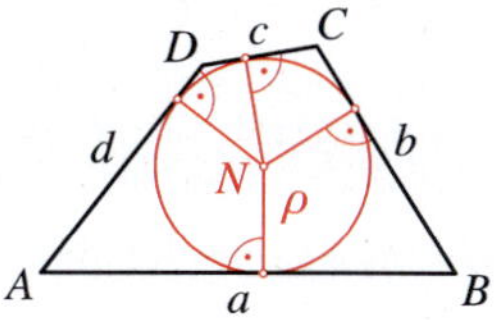

Regelmäßige Vielecke (Reguläre Polygone)

Ein regelmäßiges n-Eck hat n gleich lange Seiten der Länge s_n und n gleich große Innenwinkel der Größe β_n. Es hat einen Inkreis mit dem Radius ϱ_n. Dem Umkreis vom Radius r können regelmäßige n-Ecke mit der Seitenlänge S_n umschrieben werden.

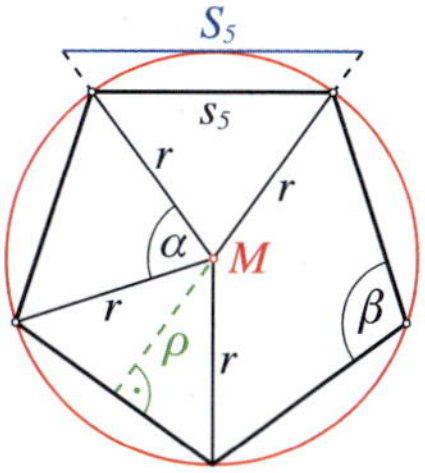

Winkel $\alpha_n = \frac{360°}{n}$; $\beta_n = 180° - \alpha_n$

Seiten $s_n = 2\sqrt{r^2 - \varrho_n^2}$; $s_{2n}^2 = 2r^2 - r\sqrt{4r^2 - s_n^2}$; $S_n = \frac{2r \cdot s_n}{\sqrt{4r^2 - s_n^2}}$

Flächeninhalt $A_n = \frac{1}{2} n \cdot \varrho_n s_n = \frac{1}{2} n \cdot r^2 \sin \alpha_n$

Speziell $s_3 = r\sqrt{3}$ $s_4 = r\sqrt{2}$ $s_5 = 0{,}5r\sqrt{10 - 2\sqrt{5}}$

$s_6 = r$ $s_8 = r\sqrt{2 - \sqrt{2}}$ $s_{10} = 0{,}5r(\sqrt{5} - 1)$

Geraden und Winkel am Kreis

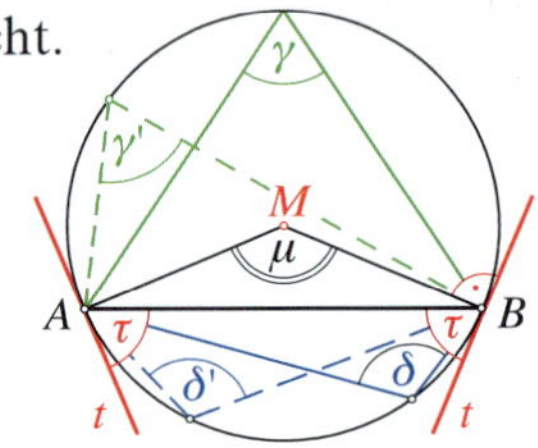

- Jede *Kreistangente* ist zu ihrem Berührradius senkrecht.
- Jeder *Umfangswinkel* γ ist halb so groß wie der *Mittelpunktswinkel* (*Zentriwinkel*) μ über demselben Bogen:
  $\mu = 2\gamma$ und $360^\circ - \mu = 2\delta$.
- Der Mittelpunktswinkel μ ist doppelt so groß wie der zugehörige *Sehnentangentenwinkel* τ:
  $\mu = 2\tau$ und $360^\circ - \mu = 2(180^\circ - \tau)$.
- Alle *Umfangswinkel* (*Peripheriewinkel*) über demselben Bogen sind gleich groß:
  $\gamma = \gamma' = \ldots$ und $\delta = \delta' = \ldots$

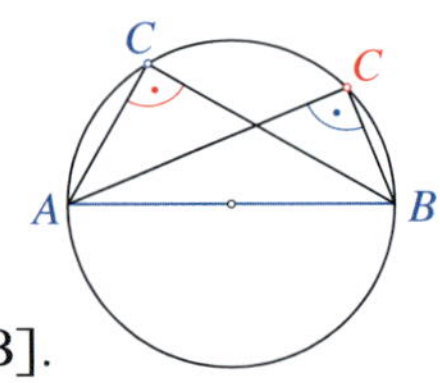

Satz des Thales
Liegt der Punkt C eines Dreiecks ABC auf dem Kreis mit dem Durchmesser $[AB]$, dann ist γ ein rechter Winkel.

Umkehrung des Satzes von Thales
Ist im Dreieck ABC der Winkel γ ein rechter Winkel, dann liegt der Punkt C auf dem Kreis mit dem Durchmesser [AB].

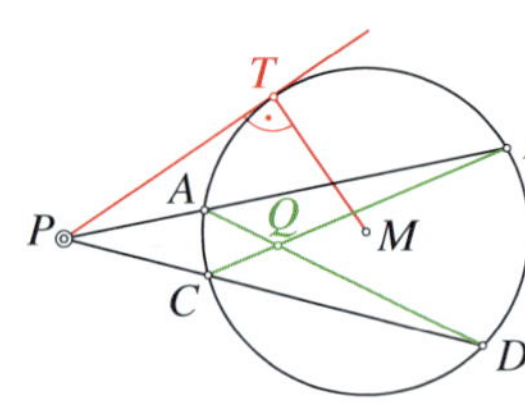

Strecken am Kreis
Q ist ein fester Punkt im Kreisinnern.

- *Sehnensatz*: $\overline{QA} \cdot \overline{QD} = \overline{QB} \cdot \overline{QC}$

P ist ein fester Punkt im Kreisäußeren.

- *Sekantensatz*: $\overline{PA} \cdot \overline{PB} = \overline{PC} \cdot \overline{PD}$
- *Sekanten-Tangentensatz*: $\overline{PA} \cdot \overline{PB} = \overline{PT}^2$

Kreis und Kreisteile

Kreiszahl $\pi = 3{,}14159265\ldots \approx 3{,}14$ (Gelesen: „Pi gleich …“)
π heißt auch *ludolfsche Zahl*.
π ist eine Irrationalzahl, ein rationaler Näherungswert ist $\pi \approx \frac{22}{7}$.

Kreis r Radius, d Durchmesser, u Umfang, A Flächeninhalt

$d = 2r$
$u = 2\pi r$
$A = \pi r^2$

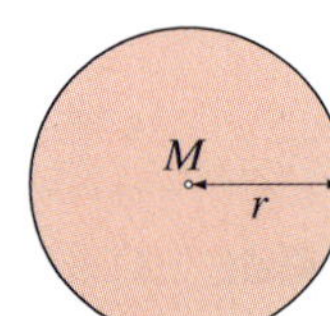

Kreisausschnitt (Kreissektor)

r Radius, b Länge des Bogens,
α Größe des Mittelpunktswinkels im Gradmaß, x im Bogenmaß.

$$x = \operatorname{arc}\alpha = \frac{\pi\alpha}{180^\circ}$$

$$b = 2\pi r \cdot \frac{\alpha}{360^\circ} = \frac{\pi r \alpha}{180^\circ} = rx$$

$$u = 2r + b$$

$$A = \frac{1}{2} br = \pi r^2 \frac{\alpha}{360^\circ} = \frac{1}{2} r^2 x$$

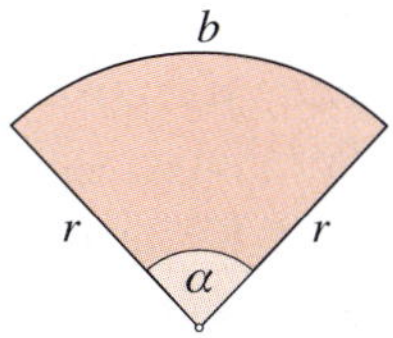

Kreisabschnitt (Kreissegment)

r Radius, s Länge der Sehne, b Länge des Bogens,
h Abschnittshöhe.
α Größe des Mittelpunktswinkels im Gradmaß, x im Bogenmaß.

$$h = r - \frac{1}{2}\sqrt{4r^2 - s^2} = 2r\sin^2\frac{\alpha}{4} \quad \text{für } h < r$$

$$s = 2r \cdot \sin\frac{\alpha}{2} = 2\sqrt{2hr - h^2}$$

$$b = 2\pi r \cdot \frac{\alpha}{360^\circ} = \frac{\pi r \alpha}{180^\circ} = rx$$

$$u = s + b$$

$$A = \pi r^2 \frac{\alpha}{360^\circ} - \frac{1}{2} r^2 \sin\alpha = \frac{1}{2}\left[r(b-s) + sh\right]$$

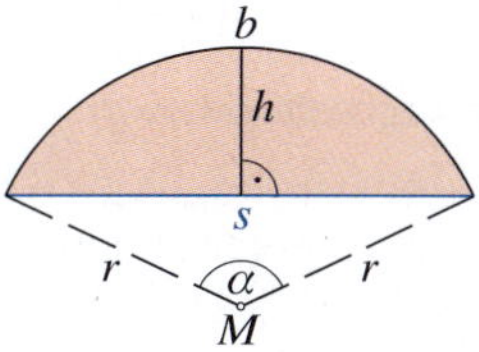

Elementare Abbildungsgeometrie

Eine Abbildung der Menge der Punkte der Ebene auf sich heißt

bijektiv, wenn jeder Punkt Bildpunkt genau eines Urpunktes ist;
geradentreu, wenn das Bild jeder Geraden jeweils wieder eine Gerade ist;
parallelentreu, wenn parallele Geraden stets parallele Bildgeraden haben;
winkeltreu, wenn jeder Bildwinkel so groß wie der Urwinkel ist;
teilverhältnistreu, wenn das Teilverhältnis eines Punktes bezüglich einer Strecke so groß ist wie das Teilverhältnis des Bildpunktes bezüglich der Bildstrecke;
längentreu, wenn jede Bildstrecke so lang wie die Urstrecke ist.

Teilverhältnis

Der Punkt T hat bezüglich der Strecke $[AB]$ das *Teilverhältnis* λ, wenn gilt: $\overline{AT} = |\lambda|\,\overline{TB}$.

Es ist $\lambda > 0$, falls T innerhalb von $[AB]$ liegt,
$\lambda < 0$, falls T außerhalb von $[AB]$ liegt.

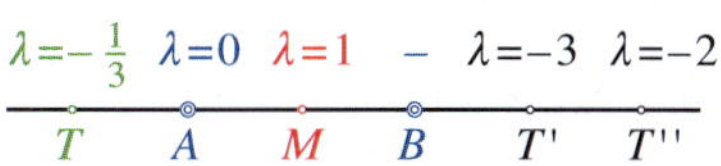

Kongruenz

- *Kongruenzabbildungen* (Bewegungen) sind bijektiv, geradentreu, parallelentreu, winkeltreu, teilverhältnistreu und längentreu.
- Jede Kongruenzabbildung ist entweder eine Geradenspiegelung oder eine Parallelverschiebung oder eine Drehung oder eine Schubspiegelung.
- Jede Kongruenzabbildung kann durch Hintereinanderausführen (Verketten) von höchstens drei Geradenspiegelungen realisiert werden.

Zwei Figuren F_1 und F_2 heißen (zueinander) *kongruent*, wenn es mindestens eine Kongruenzabbildung gibt, welche F_1 auf F_2 abbildet: $F_1 \cong F_2$.

In kongruenten Figuren sind
- entsprechende *Strecken* gleich lang,
- entsprechende *Winkel* gleich groß,
- entsprechende *Flächenstücke* gleich groß.

Kongruenzsätze
(hinreichende Kriterien zum Nachweis der Kongruenz zweier Dreiecke)
Zwei Dreiecke sind schon dann als *kongruent* (*deckungsgleich*) erkannt, wenn nur mindestens eine der folgenden Forderungen nachgewiesen ist:

Beide Dreiecke stimmen überein
- in den Längen von drei entsprechenden Seiten (sss);
- in den Längen zweier entsprechender Seiten und der Größe des von diesen jeweils eingeschlossenen Winkels (sws);
- in den Größen zweier entsprechender Winkel und der Länge einer entsprechenden Seite (wws) oder (wsw);
- in den Längen zweier entsprechender Seiten und der Größe des Innenwinkels, welcher der längeren dieser beiden Seiten gegenüberliegt (Ssw).

Zentrische Streckungen

Bestimmungsstücke: Zentrum Z, Streckungsfaktor k mit $k \neq 0$.
Zu jedem Punkt P gibt es einen Bildpunkt P'.
Ist $P = Z$, dann $P' = P$.
Ist $P \neq Z$, dann liegen P, Z und P' auf einer Geraden und es ist $\overline{ZP'} = |k| \cdot \overline{ZP}$;
ist $k < 0$, dann liegt Z zwischen P und P',
ist $k > 0$, dann liegt Z nicht zwischen P und P'.

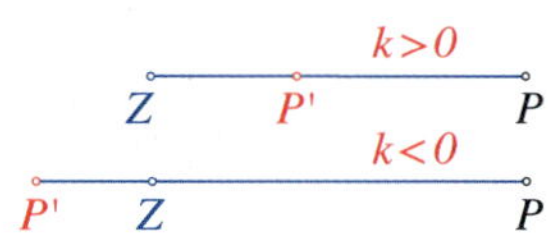

Jede Bildgerade ist zur Urgeraden parallel.
Zentrische Streckungen sind winkeltreu.
Streckenlängen: $a' = |k|\,a$ und $b' = |k|\,b$
Flächeninhalte: $A' = k^2 A$

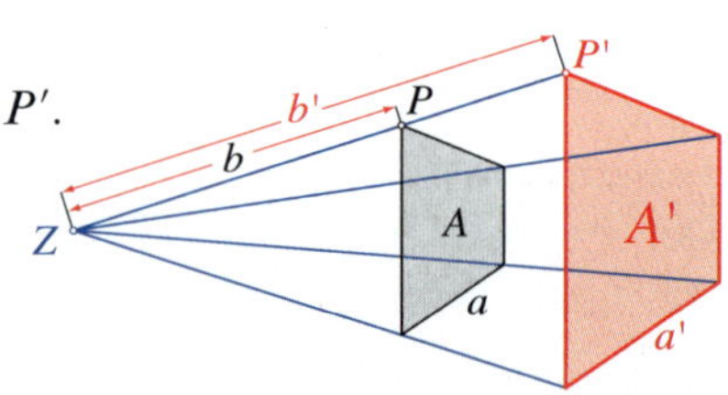

Sonderfall: $k = -1$, dann *Punktspiegelung* an Z bzw. Drehung um Z um 180°.

Ähnlichkeit

Ähnlichkeitsabbildungen sind bijektiv, geradentreu, parallelentreu, winkeltreu und teilverhältnistreu. Jede Ähnlichkeitsabbildung kann durch Verketten von endlich vielen Kongruenzabbildungen und zentrischen Streckungen dargestellt werden.

Zwei Figuren F_1 und F_2 heißen (zueinander) *ähnlich*, wenn es mindestens eine Ähnlichkeitsabbildung gibt, welche F_1 auf F_2 abbildet: $F_1 \sim F_2$.

Haben zwei Strecken der Figur F_1 die Längen u und v und die Bildstrecken in der zu F_1 ähnlichen Figur F_2 die Längen u' und v', so ist $u' = ku$ und $v' = kv$ für die gleiche Zahl k. k heißt *Ähnlichkeitsfaktor*. Es ist $u : v = u' : v'$.

Hat die Figur F_1 den Flächeninhalt A, so hat F_2 den Flächeninhalt $A' = k^2 A$.

Sind zwei Figuren ähnlich, so sind entsprechende Winkel gleich groß.

Ähnlichkeitssätze
(hinreichende Kriterien zum Nachweis der Ähnlichkeit zweier Dreiecke)

Zwei Dreiecke sind schon dann als *ähnlich* erkannt, wenn nur mindestens eine der folgenden Forderungen nachgewiesen ist:

Beide Dreiecke stimmen überein

- in den Verhältnissen der Seitenlängen;
- im Verhältnis der Längen zweier Seiten und der Größe des von diesen jeweils eingeschlossenen Winkels;
- in den Größen von zwei entsprechenden Winkeln (*3. Ähnlichkeitssatz*);
- im Verhältnis der Längen zweier entsprechender Seiten und der Größe des Gegenwinkels der jeweils längeren Seite.

1. Strahlensatz

Werden zwei sich schneidende Geraden g und h von parallelen Geraden geschnitten, so verhalten sich die Längen von zwei Strecken auf g stets wie die Längen der entsprechenden Strecken auf h.

$\overline{SA} : \overline{SB} = \overline{SA'} : \overline{SB'}$

$\overline{AB} : \overline{SD} = \overline{A'B'} : \overline{SD'}$

$\overline{AC} : \overline{DB} = \overline{A'C'} : \overline{D'B'}$

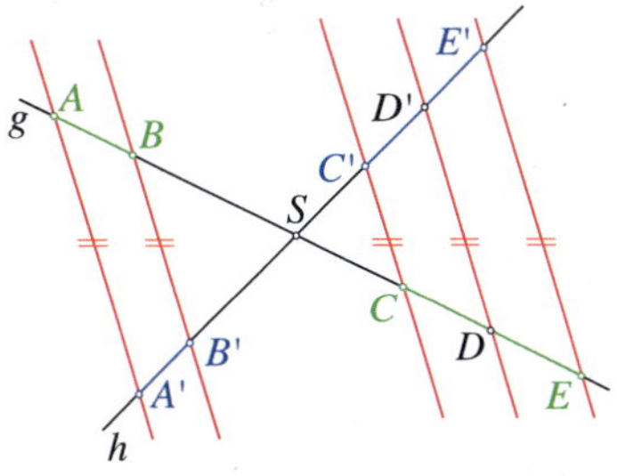

2. Strahlensatz

Werden zwei sich in S schneidende Geraden g und h von parallelen Geraden geschnitten, so verhalten sich die Längen von zwei Abschnitten auf den parallelen Geraden stets wie die von S aus gemessenen Längen der entsprechenden Abschnitte auf einer der Geraden g oder aber h.

$\overline{AA'} : \overline{BB'} = \overline{SA} : \overline{SB}$

$\overline{AA'} : \overline{CC'} = \overline{SA'} : \overline{SC'}$

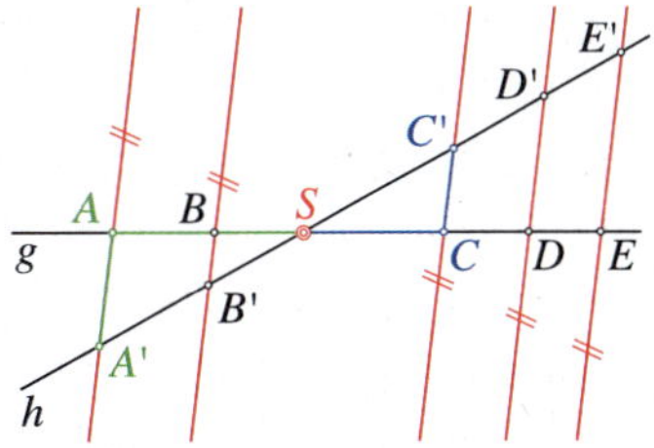

Körperberechnung

Flächeninhalt M des Mantels (Mantelfläche) ● Oberfläche O ● Volumen V

Würfel

Länge d der räumlichen Diagonalen

$d = \sqrt{3} \cdot a$

$M = 4a^2$

$O = 6a^2$

$V = a^3$

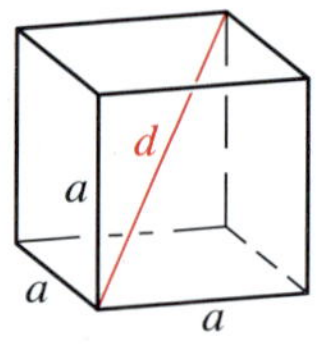

Quader

Länge d der räumlichen Diagonalen:

$d = \sqrt{a^2 + b^2 + c^2}$

$M = c(2a + 2b)$

$O = 2(ab + bc + ca)$

$V = abc$

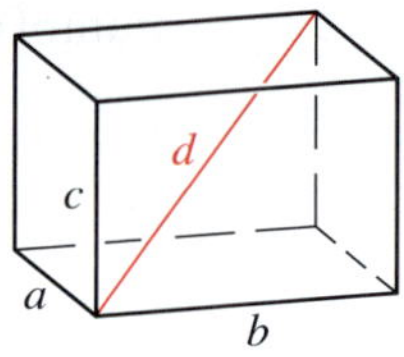

Prismen
(gerade Prismen)

Körperhöhe h

Umfang u der Grundfläche

Flächeninhalt G der Grundfläche

$M = uh$

$O = 2G + M$

$V = Gh$

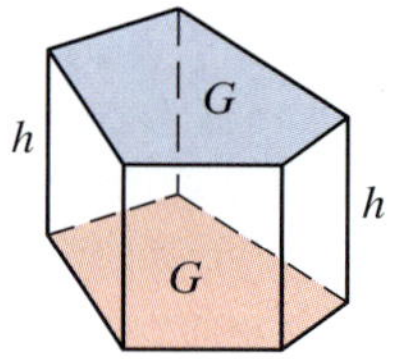

Zylinder
(senkrechter
oder gerader
Kreiszylinder)

Körperhöhe h

Radius r des Grundkreises

$M = 2\pi rh$

$O = 2\pi r(r + h)$

$V = \pi r^2 h$

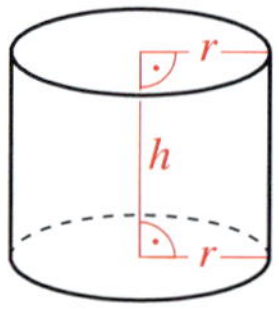

Kegel
(gerader
oder senkrechter
Kreiskegel)

Höhe h des Zylinders

Länge s einer Mantellinie

Radius r des Grundkreises

$s^2 = r^2 + h^2$

$M = \pi rs$

$O = \pi r(r + s)$

$V = \frac{1}{3}\pi r^2 h$

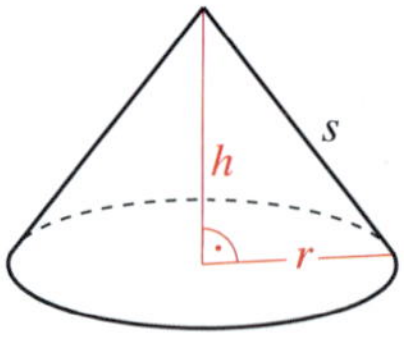

Pyramiden (gerade Pyramiden)

Körperhöhe h; Seitenflächenhöhe h_S
Umfang u der Grundfläche
Flächeninhalt G der Grundfläche

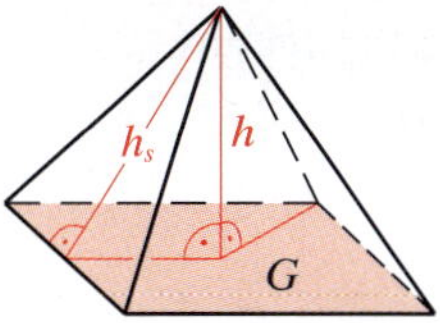

$O = G + M$

$V = \frac{1}{3} G h$

$M = \frac{1}{2} u h_S$ *bei regelmäßiger Grundfläche*

Pyramidenstumpf (gerader Pyramidenstumpf)

Umfang u_1 und Flächeninhalt G_1 der Grundfläche;
Umfang u_2 und Flächeninhalt G_2 der Deckfläche
Höhe h des Pyramidenstumpfs

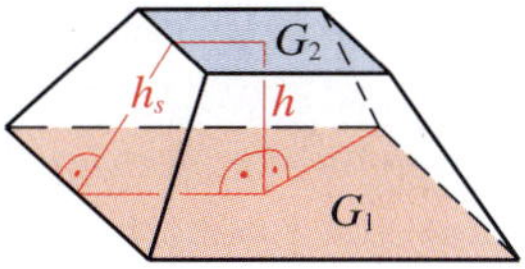

$O = G_1 + G_2 + M$

$V = \frac{h}{3}(G_1 + \sqrt{G_1 G_2} + G_2)$

$M = \frac{1}{2}(u_1 + u_2)\, h_S$ *bei regelmäßiger Grundfläche*

Kegelstumpf (gerader Kreiskegelstumpf)

Radius r_1 des Grundkreises
Radius r_2 des Deckkreises
Länge s der Mantellinie
Körperhöhe h

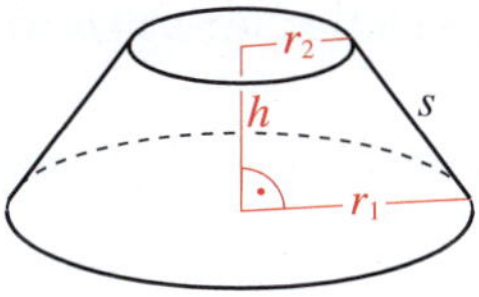

$s^2 = h^2 + (r_1 - r_2)^2$

$M = \pi s (r_1 + r_2)$

$O = \pi[r_1^2 + r_2^2 + s(r_1 + r_2)]$

$V = \frac{\pi h}{3}(r_1^2 + r_1 r_2 + r_2^2)$

Kugel

Radius r der Kugel

$O = 4\pi r^2$

$V = \frac{4}{3}\pi r^3$

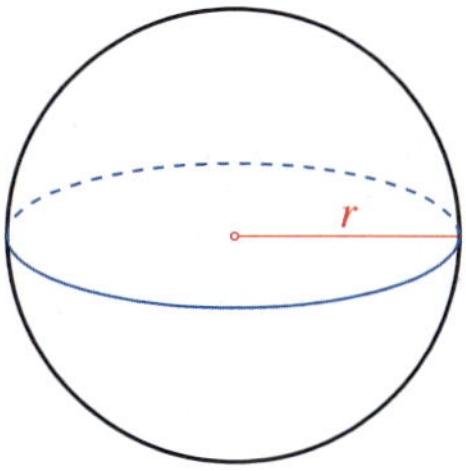

Kugelabschnitt (Kugelkappe)

Kugelradius r
Radius ϱ des Grundkreises
Flächeninhalt M der „Kappe"

$$\varrho^2 = h(2r - h)$$

$$M = 2\pi r h = \pi(\varrho^2 + h^2)$$

$$O = \pi h(4r - h) = \pi(2\varrho^2 + h^2)$$

$$V = \frac{1}{3}\pi h^2(3r - h) = \frac{1}{6}\pi h(3\varrho^2 + h^2)$$

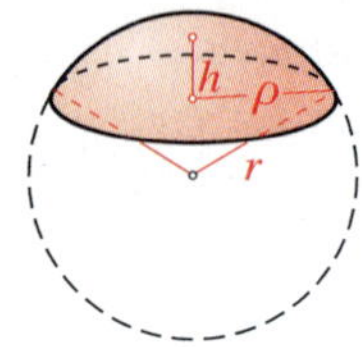

Prinzip von Cavalieri

Um nachzuweisen, dass zwei Körper gleiches Volumen haben, genügt es, die Körper so anzuordnen, dass eine Ebene E mit folgenden Eigenschaften angegeben werden kann:
Jede zu E parallele Ebene schneidet beide Körper so, dass jeweils zwei gleich große Schnittflächen erzeugt werden (oder sie meidet die beiden Körper).

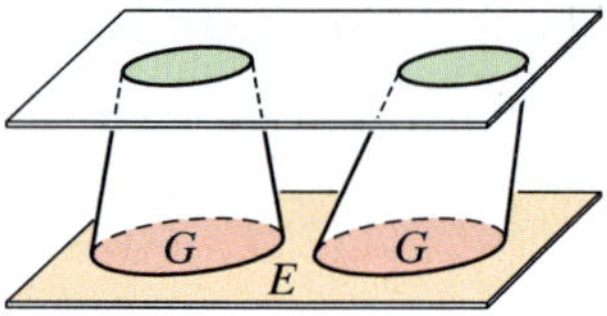

Winkelfunktionen: Sinus, Kosinus, Tangens

Definition für spitze Winkel der Größe α (im rechtwinkligen Dreieck)

$$\sin\alpha := \frac{\text{Länge der Gegenkathete von } \alpha}{\text{Länge der Hypotenuse}} = \frac{a}{c}$$

$$\cos\alpha := \frac{\text{Länge der Ankathete von } \alpha}{\text{Länge der Hypotenuse}} = \frac{b}{c}$$

$$\tan\alpha := \frac{\text{Länge der Gegenkathete von } \alpha}{\text{Länge der Ankathete von } \alpha} = \frac{a}{b}$$

$$\cot\alpha := \frac{\text{Länge der Ankathete von } \alpha}{\text{Länge der Gegenkathete von } \alpha} = \frac{b}{a}$$

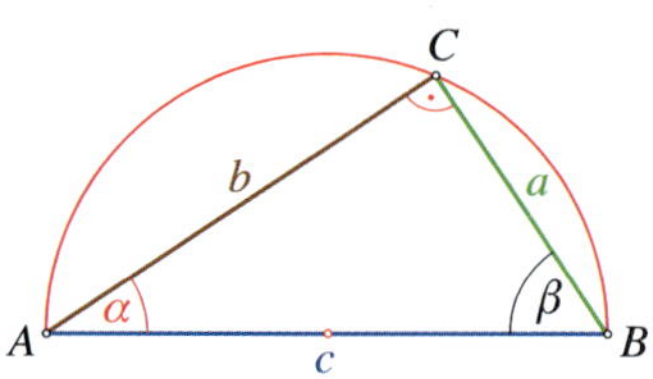

Definition für beliebige Winkel der Größe x am Kreis vom Radius r

Der freie Schenkel des Winkels der im Bogenmaß gemessenen Größe x schneidet den Kreis in $P(u|v)$.

$$\sin x := \frac{v}{r} \quad \text{für alle } x \in \mathbb{R}$$

$$\cos x := \frac{u}{r} \quad \text{für alle } x \in \mathbb{R}$$

$$\tan x := \frac{v}{u} \quad \text{für alle } x \neq \frac{1}{2}\pi + z \cdot \pi \text{ mit } z \in \mathbb{Z}$$

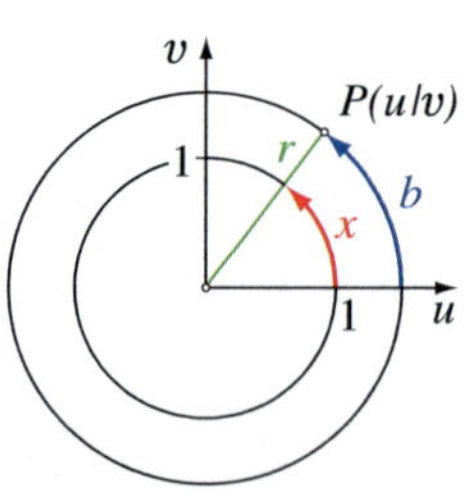

Grundbeziehungen

Gradmaß α

$\sin^2\alpha + \cos^2\alpha = 1$

$\tan\alpha = \dfrac{\sin\alpha}{\cos\alpha}$

$1 + \tan^2\alpha = \dfrac{1}{\cos^2\alpha}$

Bogenmaß x

$\sin^2 x + \cos^2 x = 1$

$\tan x = \dfrac{\sin x}{\cos x}$

$1 + \tan^2 x = \dfrac{1}{\cos^2 x}$

Schreibweisen: $\sin^2\alpha = (\sin\alpha)^2$; $\cos^2 x = (\cos x)^2$; $\tan^2\alpha = (\tan\alpha)^2$

Besondere Werte

Bogenmaß	0	$\frac{1}{6}\pi$	$\frac{1}{4}\pi$	$\frac{1}{3}\pi$	$\frac{1}{2}\pi$
Gradmaß	0°	30°	45°	60°	90°
sin	0	$\frac{1}{2}$	$\frac{1}{2}\sqrt{2}$	$\frac{1}{2}\sqrt{3}$	1
cos	1	$\frac{1}{2}\sqrt{3}$	$\frac{1}{2}\sqrt{2}$	$\frac{1}{2}$	0
tan	0	$\frac{1}{3}\sqrt{3}$	1	$\sqrt{3}$	–

Reduktion

	$-\alpha$	$90° - \alpha$	$90° + \alpha$	$180° - \alpha$	$180° + \alpha$	$360° - \alpha$
sin	$-\sin\alpha$	$+\cos\alpha$	$+\cos\alpha$	$+\sin\alpha$	$-\sin\alpha$	$-\sin\alpha$
cos	$+\cos\alpha$	$+\sin\alpha$	$-\sin\alpha$	$-\cos\alpha$	$-\cos\alpha$	$+\cos\alpha$
tan	$-\tan\alpha$	$+\cot\alpha$	$-\cot\alpha$	$-\tan\alpha$	$+\tan\alpha$	$-\tan\alpha$

Beispiele: $\sin(90° - \alpha) = \cos\alpha$ $\qquad$ $\cos(90° + \alpha) = -\sin\alpha$

$\sin(180° + \alpha) = -\sin\alpha$ $\qquad$ $\tan(180° - \alpha) = -\tan\alpha$

Periode

$\sin(x + 2\pi) = \sin x$ für alle $x \in \mathbb{R}$; Periode 2π

$\cos(x + 2\pi) = \cos x$ für alle $x \in \mathbb{R}$; Periode 2π

$\tan(x + \pi) = \tan x$ für alle $x \neq \dfrac{(1 \pm 2n)}{2}\pi$, Periode π

Symmetrie

$\sin(-x) = -\sin x$ $\qquad$ $\sin(\pi + x) = -\sin(\pi - x)$

$\sin(0{,}5\pi + x) = \sin(0{,}5\pi - x)$ $\qquad$ $\sin(1{,}5\pi - x) = \sin(1{,}5\pi + x)$

Ungleichungen

$-1 \leq \sin x \leq 1$ und $-1 \leq \cos x \leq 1$ für alle $x \in \mathbb{R}$

$\sin x < x < \tan x$ für alle $x \in \mathbb{R}$ mit $0 < x < 0{,}5\pi$

Additionstheoreme

$$\sin(\alpha+\beta) = \sin\alpha\cos\beta + \cos\alpha\sin\beta$$
$$\sin(\alpha-\beta) = \sin\alpha\cos\beta - \cos\alpha\sin\beta$$
$$\cos(\alpha+\beta) = \cos\alpha\cos\beta - \sin\alpha\sin\beta$$
$$\cos(\alpha-\beta) = \cos\alpha\cos\beta + \sin\alpha\sin\beta$$
$$\tan(\alpha+\beta) = \frac{\tan\alpha+\tan\beta}{1-\tan\alpha\tan\beta} \quad \text{für } \tan\alpha\tan\beta \neq 1$$
$$\tan(\alpha-\beta) = \frac{\tan\alpha-\tan\beta}{1+\tan\alpha\tan\beta} \quad \text{für } \tan\alpha\tan\beta \neq -1$$

Vielfache

$$\sin 2\alpha = 2\sin\alpha\cos\alpha$$
$$\cos 2\alpha = \cos^2\alpha - \sin^2\alpha = 1 - 2\sin^2\alpha = 2\cos^2\alpha - 1$$
$$\tan 2\alpha = \frac{2\tan\alpha}{1-\tan^2\alpha} = \frac{2}{\cot\alpha - \tan\alpha} \quad \text{für } \tan^2\alpha \neq 1$$
$$\sin 3\alpha = 3\sin\alpha - 4\sin^3\alpha$$
$$\cos 3\alpha = 4\cos^3\alpha - 3\cos\alpha$$

Teile

$$\sin\frac{\alpha}{2} = \pm\sqrt{\frac{1-\cos\alpha}{2}}$$
$$\cos\frac{\alpha}{2} = \pm\sqrt{\frac{1+\cos\alpha}{2}}$$
$$\tan\frac{\alpha}{2} = \frac{\sin\alpha}{1+\cos\alpha} = \frac{1-\cos\alpha}{\sin\alpha} = \pm\sqrt{\frac{1-\cos\alpha}{1+\cos\alpha}}$$

Linearkombination

$$a\sin x + b\cos x = \sqrt{a^2+b^2}\,\sin(x+c)$$

c mit $0 \leq c < 2\pi$ ergibt sich eindeutig aus

$$\sin c = \frac{b}{\sqrt{a^2+b^2}} \quad \text{und} \quad \cos c = \frac{a}{\sqrt{a^2+b^2}}.$$

Eine Sinuskurve und eine Kosinuskurve mit der Periode 2 π

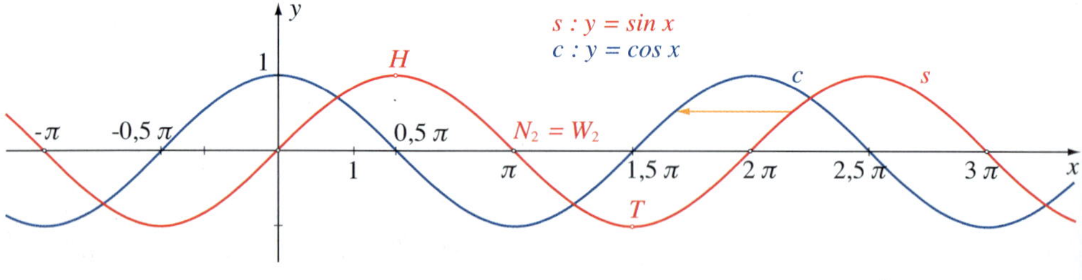

Koordinatensystem

Mithilfe eines (kartesischen) Koordinatensystems wird jedem Punkt P ein Paar reeller Zahlen $(x_P|y_P)$ zugewiesen. Der Punkt $O(0|0)$ heißt *Koordinatenursprung*.

Man nennt $(x_P|y_P)$ das *Koordinatenpaar*, x_P die *Abszisse* und y_P die *Ordinate* des Punktes $P(x_P|y_P)$. Dieser liegt

im *1. Quadranten*, falls $x_P > 0$ und $y_P > 0$,
im *2. Quadranten*, falls $x_P < 0$ und $y_P > 0$,
im *3. Quadranten*, falls $x_P < 0$ und $y_P < 0$,
im *4. Quadranten*, falls $x_P > 0$ und $y_P < 0$.

Strecken

Strecke $[P_1 P_2]$ mit den Endpunkten $P_1(x_1|y_1)$ und $P_2(x_2|y_2)$:

Länge

$$d = \overline{P_1 P_2} = \sqrt{(x_2 - x_1)^2 + (y_2 - y_1)^2} = \sqrt{(x_1 - x_2)^2 + (y_1 - y_2)^2}$$

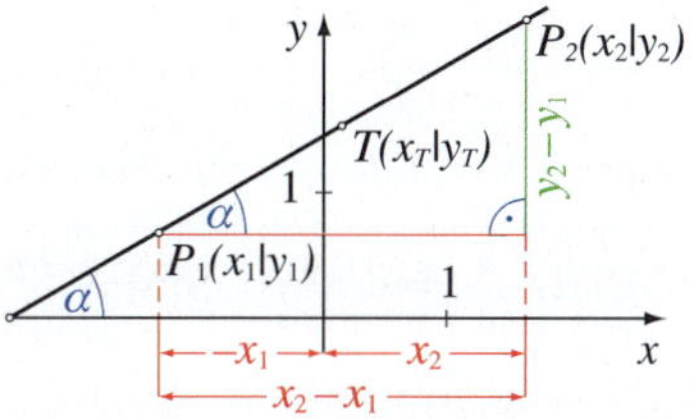

Steigung

$$m = \tan\alpha = \frac{y_2 - y_1}{x_2 - x_1} = \frac{y_1 - y_2}{x_1 - x_2}$$

mit dem *Richtungswinkel* α zwischen der positiven x-Halbachse und $P_1 P_2$.
Es ist $0° \leq \alpha < 180°$ und $\alpha \neq 90°$.

Mittelpunkt $M(x_M|y_M)$: $x_M = \frac{x_1 + x_2}{2}$; $y_M = \frac{y_1 + y_2}{2}$

Teilverhältnis

$T(x_T|y_T)$ hat bezüglich $[P_1 P_2]$ das *Teilverhältnis* $\lambda = \frac{x_T - x_1}{x_2 - x_T} = \frac{y_T - y_1}{y_2 - y_T}$.

Dreiecke

Das Dreieck $P_1 P_2 P_3$ mit den Eckpunkten $P_1(x_1|y_1)$, $P_2(x_2|y_2)$, $P_3(x_3|y_3)$:

Orientierter Flächeninhalt:

$$A = \tfrac{1}{2}[(x_1 y_2 - x_2 y_1) + (x_2 y_3 - x_3 y_2) + (x_3 y_1 - x_1 y_3)]$$

Dann und nur dann ist $A > 0$, wenn das Dreieck $P_1 P_2 P_3$ positiv orientiert ist.

Sonderfall: Dreieck $O P_1 P_2$ mit $O(0|0)$, $P_1(x_1|y_1)$, $P_2(x_2|y_2)$:

$$A = \frac{1}{2}(x_1 y_2 - x_2 y_1) = \frac{1}{2}\begin{vmatrix} x_1 & y_1 \\ x_2 & y_2 \end{vmatrix}$$ Darstellung mithilfe einer Determinante

Schwerpunkt $S(x_S|y_S)$: $x_s = \frac{1}{3}(x_1 + x_2 + x_3)$; $y_S = \frac{1}{3}(y_1 + y_2 + y_3)$

Geraden

Hauptform der Geradengleichung

$g\colon y = mx + b$ mit der *Steigung* $m = \tan\alpha$
und dem Schnittpunkt $S_y(0|b)$ mit der y-Achse.

Sonderfälle:

$g\colon y = mx$ *Ursprungsgerade* durch $O(0|0)$

$g\colon y = b$ *Parallele zur x-Achse* durch $S_y(0|b)$

Nicht erfasst werden die Parallelen zur y-Achse.

$h\colon x = a$ *Parallele zur y-Achse* durch $S_x(a|0)$

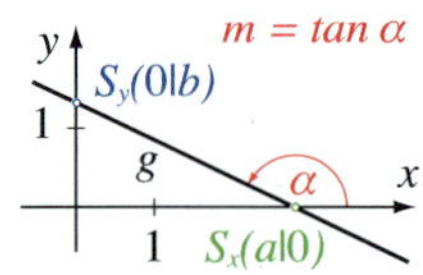

Achsenabschnittsform der Geradengleichung

$g\colon \frac{x}{a} + \frac{y}{b} = 1$ g schneidet die Koordinatenachsen in $S_x(a|0)$ und $S_y(0|b)$.

Allgemeine Form der Geradengleichung

$g\colon ax + by + c = 0$ mit $(a, b) \neq (0; 0)$.

Umformung in die *hessesche Normalform* (Normalenform):

$$g\colon \frac{ax + by + c}{\pm\sqrt{a^2 + b^2}} = 0 \qquad \text{mit} \begin{cases} +\sqrt{\ }, & \text{wenn } c \leq 0 \\ -\sqrt{\ }, & \text{wenn } c > 0 \end{cases}$$

Orientierter *Abstand d* des Punktes $P(x_P|y_P)$ von g:

$$d = \frac{ax_P + by_P + c}{\pm\sqrt{a^2 + b^2}}$$

$d > 0$, falls P und der Koordinatenursprung bezüglich g in verschiedenen Halbebenen liegen;

$d < 0$, falls P und der Koordinatenursprung bezüglich g in der gleichen Halbebene liegen.

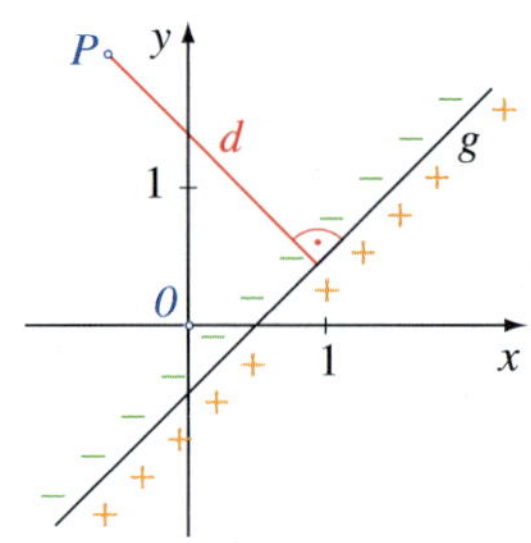

Ermittlung einer Geradengleichung

Eine Gerade g kann vorgegeben werden durch

- zwei Punkte $P_1(x_1|y_1)$ und $P_2(x_2|y_2)$ mit $x_1 \neq x_2$;
  $g\colon y - y_1 = \frac{y_2 - y_1}{x_2 - x_1}(x - x_1)$ (*Zwei-Punkte-Form*)
- einen Punkt $P_1(x_1|y_1)$ und die Steigung m.
  $g\colon y - y_1 = m(x - x_1)$ (*Punkt-Steigungs-Form*)
- *Sonderfall*:
  $x_1 = x_2 = a$, dann ist g parallel zur y-Achse.
  $g\colon x = a$

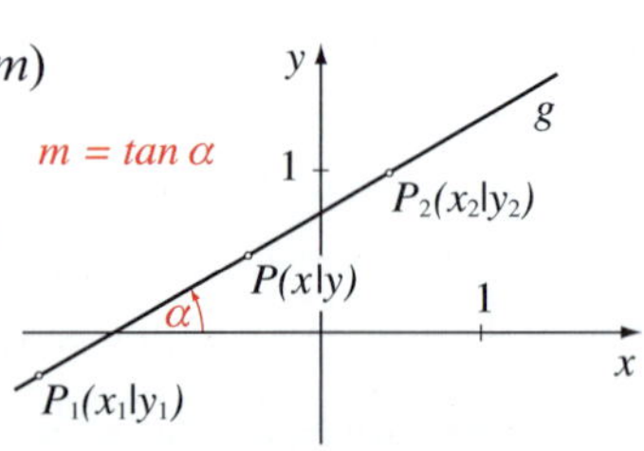

Zwei Geraden

- Die Geraden g_1: $y = m_1 x + b_1$ und g_2: $y = m_2 x + b_2$ sind dann und nur dann
  – *parallel*, wenn $m_1 = m_2$ erfüllt ist;
  – *orthogonal* (zueinander senkrecht), wenn gilt: $m_1 m_2 = -1$.
- Größe δ des Winkels der Drehung gegen den Uhrzeigersinn, die g_1 in g_2 überführt: $\tan\delta = \dfrac{m_2 - m_1}{1 + m_1 m_2}$ mit $0° \leq \delta < 180°$ und $\delta \neq 90°$.
- Wenn die Geradengleichungen
  g_1: $A_1 x + B_1 y + C_1 = 0$ und
  g_2: $A_2 x + B_2 y + C_2 = 0$
  in *hessescher Normalform* sind
  ($A_i^2 + B_i^2 = 1$ und $C_i \leq 0$ mit $i = 1, 2$),
  dann lassen sich die beiden Winkelhalbierenden wie folgt darstellen:
  w_1: $A_1 x + B_1 y + C_1 = A_2 x + B_2 y + C_2$
  w_2: $A_1 x + B_1 y + C_1 = -(A_2 x + B_2 y + C_2)$

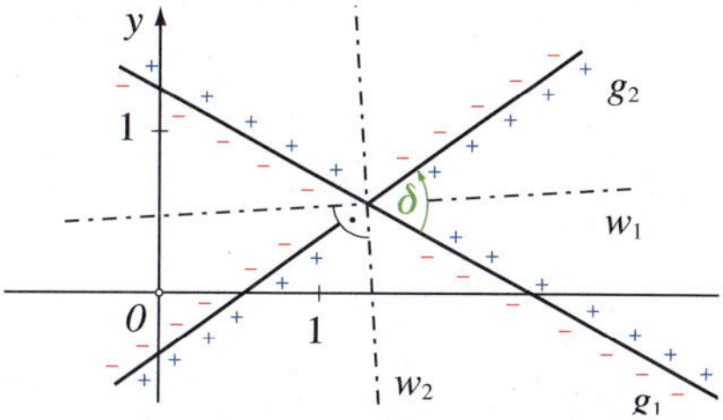

Parallelverschiebung des Koordinatensystems

Ein Koordinatensystem $(O; x, y)$ wird durch ein neues Koordinatensystem $(\overline{O}; \bar{x}, \bar{y})$ ersetzt. Der gleiche Punkt wird im alten System als $P(x|y)$ und im neuen System als $\overline{P}(\bar{x}|\bar{y})$ beschrieben. Der neue Koordinatenursprung $\overline{O}(\bar{x}|\bar{y}) = \overline{O}(0|0)$ hat im alten System die Koordinaten $\overline{O}(x|y) = \overline{O}(x_0|y_0)$.

Die x-Achse ist zur $\bar{x}$-Achse parallel.
Zusammenhang zwischen den alten und den neuen Koordinaten:

$\bar{x} = x - x_0$
$\bar{y} = y - y_0$

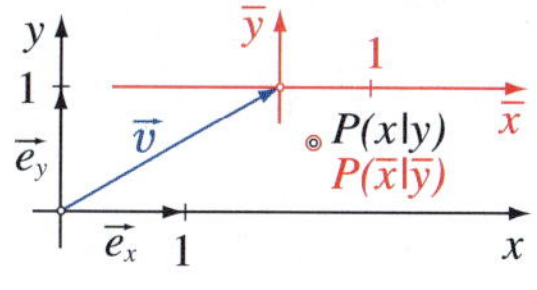

Elementare Abbildungen der Ebene auf sich

Die Ebene kann auf zwei identisch aufeinander liegende Koordinatensysteme bezogen werden, ein xy-System und ein $\bar{x}\bar{y}$-System. Urpunkte und Urfiguren werden im xy-System, Bildpunkte und Bildfiguren im $\bar{x}\bar{y}$-System beschrieben.
Urpunkt (Originalpunkt) $P(x|y)$; *Bildpunkt* $\overline{P}(\bar{x}|\bar{y})$.

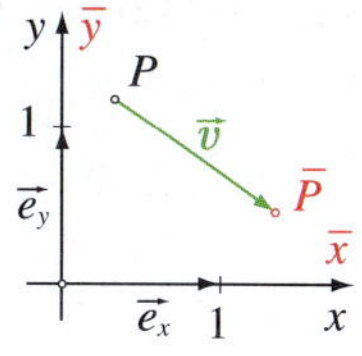

Parallelverschiebung (*Translation*)
Verschiebungsvektor: $\vec{v} = x_0\vec{e_x} + y_0\vec{e_y}$
$\bar{x} = x + x_0$
$\bar{y} = y + y_0$

Drehung um $O(0|0)$ mit dem Drehwinkel der Größe α
$\bar{x} = x\cos\alpha - y\sin\alpha$
$\bar{y} = x\sin\alpha + y\cos\alpha$

Punktspiegelung an $O(0|0)$
$\bar{x} = -x$ und $\bar{y} = -y$

Punktspiegelung an $Z(a|b)$
$\bar{x} = -x + 2a$ und $\bar{y} = -y + 2b$

Spiegelung an der x-Achse
$\bar{x} = x$ und $\bar{y} = -y$

Spiegelung an der y-Achse
$\bar{x} = -x$ und $\bar{y} = y$

Spiegelung an der 1. Winkelhalbierenden w_1*:* $y = x$
$\bar{x} = y$
$\bar{y} = x$

Spiegelung an einer Parallelen g*:* $x = a$ *zur y-Achse*
$\bar{x} = -x + 2a$
$\bar{y} = y$

Zentrische Steckung mit dem Zentrum $O(0|0)$ *und dem Streckungsfaktor* k
$\bar{x} = kx$
$\bar{y} = ky$

Zentrische Streckung mit dem Zentrum $Z(a|b)$ *und dem Streckungsfaktor* k
$\bar{x} = kx + (1-k)a$
$\bar{y} = ky + (1-k)b$

Orthogonale Achsenaffinität mit der x-Achse als Affinitätsachse
$\bar{x} = x$ und $\bar{y} = ky$

Orthogonale Achsenaffinität mit der y-Achse als Affinitätsachse
$\bar{x} = sx$ und $\bar{y} = y$

Kegelschnitte

Kreis

Kreis k mit dem Radius r und dem Mittelpunkt $M(0|0)$
$k\colon x^2 + y^2 = r^2$

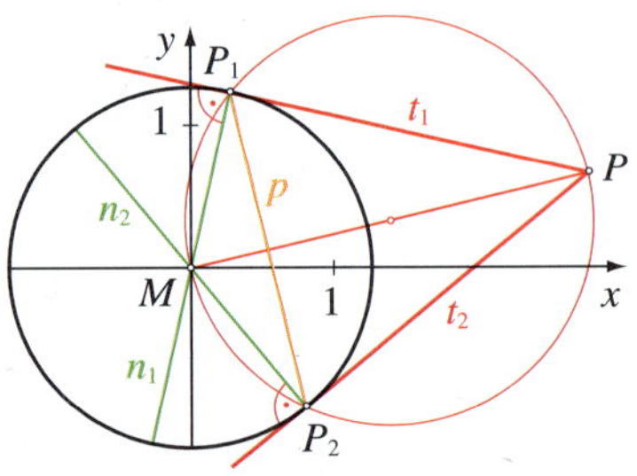

Parameterdarstellung
$k\colon x = r\cos\varphi$
$\quad y = r\sin\varphi$ für $0° \leq \varphi < 360°$

Tangente t mit dem Berührpunkt $P_1(x_1|y_1)$:
$t\colon x_1x + y_1y = r^2$

Tangentenbedingung:
$g\colon y = mx + c$ ist dann und nur dann Tangente, wenn $r^2(1+m^2) - c^2 = 0$ erfüllt ist.

Polare p zum Pol $P(x_p|y_P)$:
$p\colon x_Px + y_Py = r^2$

Kreis k mit dem Radius r und dem Mittelpunkt $M(x_0|y_0)$
$k\colon (x-x_0)^2 + (y-y_0)^2 = r^2$

Tangente t mit Berührpunkt $P_1(x_1|y_1)$:
$t\colon (x_1-x_0)(x-x_0) + (y_1-y_0)(y-y_0) = r^2$

Ellipse

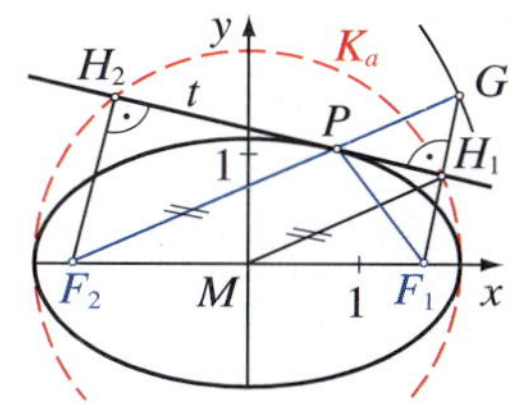

Vorgegeben sind zwei Punkte F_1 und F_2, die *Brennpunkte*, sowie eine feste Länge $2a$.

Die *Ellipse* E ist die Menge der Punkte P mit der Eigenschaft $\overline{PF_1} + \overline{PF_2} = 2a$.

Kurvengleichung: $E\colon \dfrac{x^2}{a^2} + \dfrac{y^2}{b^2} = 1$

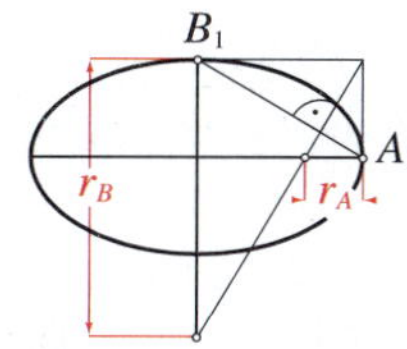

Scheitel: $A_{1;2}(\pm a|0)$ und $B_{1;2}(0|\pm b)$

Brennpunkte: $F_{1;2}(\pm e|0)$ mit $e^2 = a^2 - b^2$

Tangente t mit dem Berührpunkt $P_1(x_1|y_1)$:

$$t\colon \frac{x_1 x}{a^2} + \frac{y_1 y}{b^2} = 1$$

Radien der Scheitelkrümmungskreise:

$b^2 : a$ bzw. $a^2 : b$

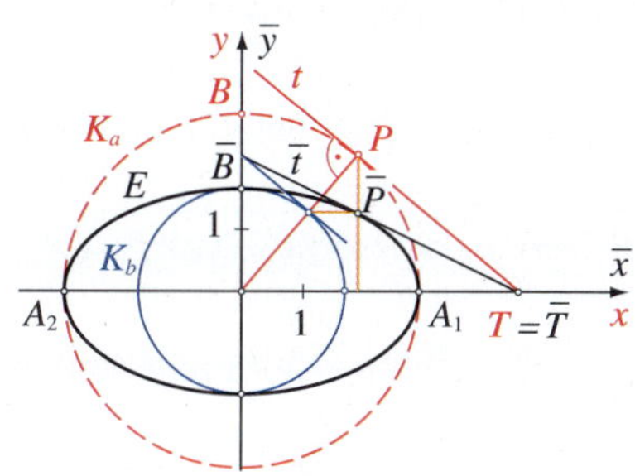

Unterwirft man den Hauptkreis

$K_a\colon x^2 + y^2 = a^2$

der *orthogonalen Achsenaffinität* mit der x-Achse als Affinitätsachse und den Abbildungsgleichungen $\bar{x} = x$ und $\bar{y} = \dfrac{b}{a} y$,

so ergibt sich als Bildkurve die Ellipse

$$E\colon \frac{\bar{x}^2}{a^2} + \frac{\bar{y}^2}{b^2} = 1.$$

Hyperbel

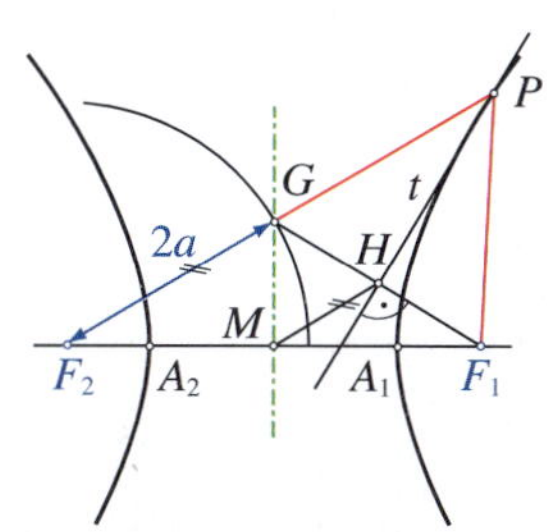

Vorgegeben sind zwei Punkte F_1 und F_2, die *Brennpunkte*, sowie eine feste Länge $2a$.

Die *Hyperbel* H ist die Menge der Punkte P mit der Eigenschaft $|\overline{PF_1} - \overline{PF_2}| = 2a$.

Kurvengleichung: $H\colon \dfrac{x^2}{a^2} - \dfrac{y^2}{b^2} = 1$

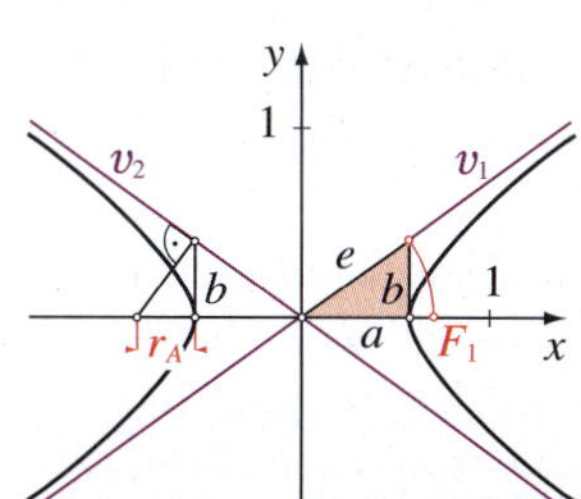

Brennpunkte: $F_{1;2}(\pm e|0)$ mit $e^2 = a^2 + b^2$

Tangente t mit dem Berührpunkt $P_1(x_1|y_1)$:

$$t\colon \frac{x_1 x}{a^2} - \frac{y_1 y}{b^2} = 1$$

Asymptoten: $v_1\colon y = \dfrac{b}{a} x$ und $v_2\colon y = -\dfrac{b}{a} x$

Radius der Scheitelkrümmungskreise: $b^2 : a$

Parabel

Vorgegeben sind ein fester Punkt F (*Brennpunkt*) und eine feste Gerade l (*Leitgerade*).
Die *Parabel* k ist die Menge der Punkte P, deren Entfernung von F so groß wie ihr Abstand zu l ist.

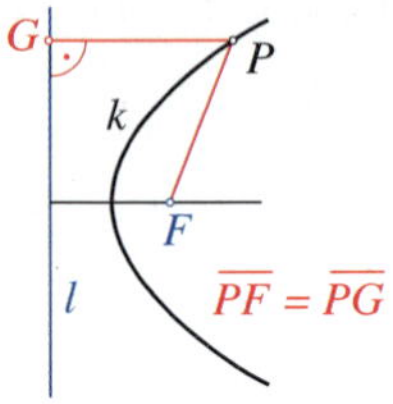

Scheitel $S(0|0)$ und die Symmetrieachse ist die x-Achse

Kurvengleichung: k: $y^2 = 2px$
Ist $p > 0$, ist k nach rechts geöffnet;
ist $p < 0$, ist k nach links geöffnet.
Tangente mit dem Berührpunkt $P(x_1|y_1)$:
t: $y_1 y = p(x + x_1)$
Tangentenbedingung:
g: $y = mx + c$ ist dann und nur dann Tangente, wenn $p = 2c \cdot m$ erfüllt ist.
Radius des Scheitelkrümmungskreises: $|p|$

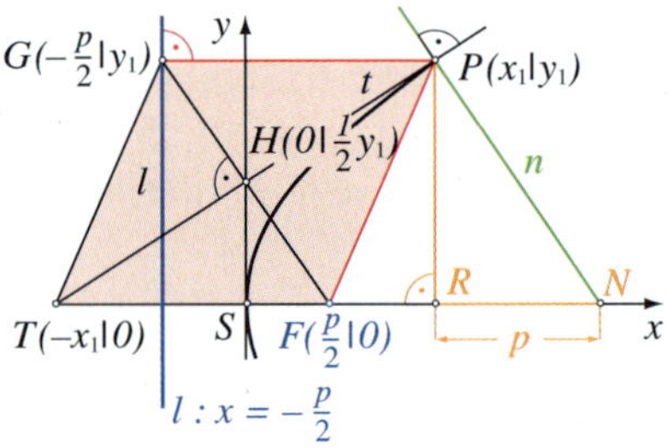

Scheitel $S(x_0|y_0)$ und die Symmetrieachse ist parallel zur y-Achse

Scheitelgleichung
k: $2p(y - y_0) = (x - x_0)^2$
Funktionsgleichung
k: $y = ax^2 + bx + c$ mit $a \neq 0$.
$a > 0$, dann nach oben geöffnet,
$a < 0$, dann nach unten geöffnet.
Umformung:
k: $y = a(x - x_0)^2 + y_0$

mit $x_0 = -\dfrac{b}{2a}$, $y_0 = -\dfrac{b^2 - 4ac}{4a}$.

Sonderfall:
n: $y = x^2$ (*Normalparabel*)

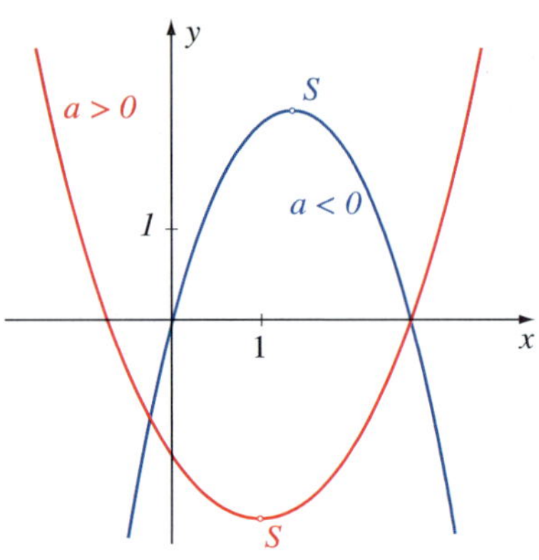

Achsensymmetrie und Scheitel der Kegelschnitte

- Wird ein Kreiskegel mit einer Ebene geschnitten, welche nicht durch die Kegelspitze geht, so ist die Schnittkurve entweder Teil einer Ellipse, einer Hyperbel oder einer Parabel. Kreise sind besondere Ellipsen.
- Ein Schnittpunkt einer Kurve mit einer Symmetrieachse heißt *Scheitel.*
- Eine *Ellipse* ist zweifach achsensymmetrisch. Sie hat vier Scheitel.
- Eine *Hyperbel* ist zweifach achsensymmetrisch. Sie hat zwei Scheitel.
- Eine *Parabel* hat eine Symmetrieachse. Sie hat einen Scheitel.

Vektorräume

Definition

Zugrunde liegen eine kommutative Gruppe $(V, \oplus)$ mit Elementen $\vec{a}, \vec{b}, \ldots$, der Körper der reellen Zahlen $r, s, \ldots$, sowie eine *Skalarmultiplikation* (S-Multiplikation) $*$, die jedem geordneten Paar $(r, \vec{a})$ mit $r \in \mathbb{R}$ und $\vec{a} \in V$ eindeutig ein Element $r * \vec{a} \in V$ zuweist.

$(V, \oplus, *)$ heißt ein *Vektorraum*, wenn für alle $\vec{a}, \vec{b} \in V$ und alle $r, s \in \mathbb{R}$ gilt:

	Ausführliche Schreibweise	*Verkürzte Schreibweise*
Assoziativgesetz	$r * (s * \vec{a}) = (r \cdot s) * \vec{a}$	$r(s\vec{a}) = (rs)\vec{a}$
Distributivgesetze	$(r + s) * \vec{a} = r * \vec{a} \oplus s * \vec{a}$	$(r + s)\vec{a} = r\vec{a} + s\vec{a}$
	$r * (\vec{a} \oplus \vec{b}) = r * \vec{a} \oplus r * \vec{b}$	$r(\vec{a} + \vec{b}) = r\vec{a} + r\vec{b}$
Eins-Gesetz	$1 * \vec{a} = \vec{a}$	$1\vec{a} = \vec{a}$

Die Menge V heißt *Trägermenge* des Vektorraumes, seine Elemente werden *Vektoren* genannt. Die reellen Zahlen heißen *Skalare*.

- Das neutrale Element $\vec{0}$ der Gruppe $(V, \oplus)$ heißt der *Nullvektor*.
  Für alle $r \in \mathbb{R}$ ist $r\vec{0} = \vec{0}$ und für alle $\vec{a} \in V$ ist $0\vec{a} = \vec{0}$.
  Ist $r\vec{a} = \vec{0}$, dann ist $r = 0$ oder $\vec{a} = \vec{0}$.

- Das zu $\vec{a}$ inverse Element wird mit $-\vec{a}$ bezeichnet und der *Gegenvektor* zu $\vec{a}$ genannt. Statt $\vec{a} + (-\vec{b})$ wird auch $\vec{a} - \vec{b}$ geschrieben.
  Für alle $r \in \mathbb{R}$ gilt: $-(r\vec{a}) = r(-\vec{a}) = (-r)\vec{a}$. Im Besonderen ist $(-1)\vec{a} = -\vec{a}$.

Linearkombination, lineare Unabhängigkeit, lineare Abhängigkeit

- Sind $\vec{a_1}, \vec{a_2}, \ldots, \vec{a_k}$ endlich viele Vektoren, dann heißt jeder Vektor $\vec{x} = r_1\vec{a_1} + r_2\vec{a_2} + \ldots + r_k\vec{a_k}$ eine *Linearkombination* der Vektoren $\vec{a_1}$, $\vec{a_2}$, …, $\vec{a_k}$ mit den Koeffizienten r_1, r_2, …, r_k.

- Die Vektoren $\vec{a_1}, \vec{a_2}, \ldots, \vec{a_k}$ heißen dann und nur dann *linear unabhängig*, wenn aus diesen der Nullvektor $\vec{0}$ nur *in trivialer Weise* kombiniert werden kann: Dann folgt aus $r_1\vec{a_1} + r_2\vec{a_2} + \ldots + r_k\vec{a_k} = \vec{0}$ stets $r_1 = r_2 = \ldots = r_k = 0$.

- Die Vektoren $\vec{a_1}, \vec{a_2}, \ldots, \vec{a_k}$ heißen dann und nur dann *linear abhängig*, wenn es mindestens eine (nichttriviale) Darstellung $r_1\vec{a_1} + r_2\vec{a_2} + \ldots + r_k\vec{a_k} = \vec{0}$ des Nullvektors $\vec{0}$ gibt, wobei mindestens einer der Koeffizienten $r_i \neq 0$ ist.

- Im Falle $k \geq 2$ sind die Vektoren $\vec{a_1}, \vec{a_2}, \ldots, \vec{a_k}$ dann und nur dann linear abhängig, wenn mindestens einer eine Linearkombination der übrigen ist.

- Zwei von $\vec{0}$ verschiedene linear abhängige Vektoren nennt man auch *kollinear*, drei von $\vec{0}$ verschiedene linear abhängige Vektoren heißen auch *komplanar*.

- Die Vektoren $\vec{e_1}, \vec{e_2}, \ldots, \vec{e_n}$ bilden dann und nur dann eine *Basis B* des Vektorraums V, wenn sie linear unabhängig sind und jeder Vektor $\vec{x}$ von V als Linearkombination $\vec{x} = r_1\vec{e_1} + r_2\vec{e_2} + \ldots + r_n\vec{e_n}$ dargestellt werden kann. $(r_1, r_2, \ldots, r_n)$ heißt das *Koordinaten-n-Tupel* des Vektors $\vec{x}$, die Vektoren $r_i\vec{e_i}$ nennt man die *Komponenten* des Vektors $\vec{x}$ bezüglich der Basis B.
  Besitzt ein Vektorraum V eine Basis mit genau n Vektoren, so besteht jede Basis von V aus n Vektoren. Der Vektorraum hat dann die *Dimension n*.

Beispiel (Modell) für einen Vektorraum

Parallelverschiebungen des Raumes sind Vektoren eines Vektorraumes der Dimension 3. Zu jeder Verschiebung gehört eine Menge (Äquivalenzklasse) gleich langer, paralleler und gleich orientierter Pfeile. Diese Menge heißt ein *Vektor*, jeder einzelne Pfeil ist ein *Repräsentant des Vektors*.

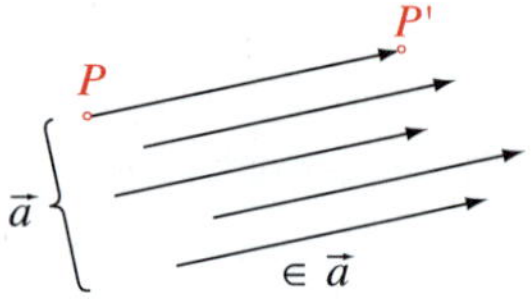

Entsprechend sind die Parallelverschiebungen einer Ebene Vektoren eines Vektorraumes der Dimension 2.

Skalarprodukt

Eine Abbildung, die jedem geordneten Paar $(\vec{x}, \vec{y})$ von Vektoren eindeutig eine reelle Zahl $\vec{x} \cdot \vec{y}$ zuweist, heißt *Skalarprodukt* (*inneres Produkt*), wenn für alle Vektoren $\vec{x}, \vec{y}$ und $\vec{z}$ und für alle $r \in \mathbb{R}$ die folgenden Forderungen erfüllt sind:

symmetrisch: $\vec{x} \cdot \vec{y} = \vec{y} \cdot \vec{x}$

bilinear: $(\vec{x} + \vec{y}) \cdot \vec{z} = \vec{x} \cdot \vec{z} + \vec{y} \cdot \vec{z}$ und $(r\vec{x}) \cdot \vec{y} = r(\vec{x} \cdot \vec{y})$

positiv definit: Für alle $\vec{x}$ ist $\vec{x} \cdot \vec{x} \geq 0$ und aus $\vec{x} \cdot \vec{x} = 0$ folgt $\vec{x} = \vec{0}$.

Ein Vektorraum, auf dem ein Skalarprodukt erklärt ist, heißt *euklidisch*.

Betrag Der Vektor $\vec{x}$ hat den *Betrag* (die *Norm*, die *Länge*) $|\vec{x}| := \sqrt{\vec{x} \cdot \vec{x}}$.
Für alle $\vec{x}$ ist $|\vec{x}| \geq 0$; ist $|\vec{x}| = 0$, so ist $\vec{x} = \vec{0}$.
Es ist $|r\vec{x}| = |r|\,|\vec{x}|$ für jede reelle Zahl r.
Für alle $\vec{x}, \vec{y}$ gilt: $|\vec{x} + \vec{y}| \leq |\vec{x}| + |\vec{y}|$. (*Dreiecksungleichung*)
Für alle $\vec{x}, \vec{y}$ gilt: $|\vec{x} \cdot \vec{y}| \leq |\vec{x}|\,|\vec{y}|$ (*schwarzsche Ungleichung*)

Winkel Der Winkel zwischen zwei Vektoren $\vec{x}$ und $\vec{y}$ hat die Größe φ:
$\vec{x} \cdot \vec{y} = |\vec{x}|\,|\vec{y}| \cos\varphi$ mit $0° \leq \varphi \leq 180°$.

orthogonal Zwei Vektoren $\vec{x}$ und $\vec{y}$ heißen dann und nur dann orthogonal, wenn gilt: $\vec{x} \cdot \vec{y} = 0$. Der Nullvektor ist zu jedem Vektor orthogonal.
Ist $\vec{x} \neq \vec{0}$ und $\vec{y} \neq \vec{0}$ und $\vec{x} \cdot \vec{y} = 0$, so schließen $\vec{x}$ und $\vec{y}$ einen Winkel der Größe 90° ein.

Vektoren im räumlichen kartesischen Koordinatensystem

- Eine Basis heißt *orthonormiert*, wenn die Basisvektoren $\vec{e_1}, \vec{e_2}, \vec{e_3}$ die Länge 1 haben und paarweise orthogonal sind. Dann heißt $(O; \vec{e_1}, \vec{e_2}, \vec{e_3})$ ein *kartesisches Koordinatensystem* mit dem *Ursprung O*.

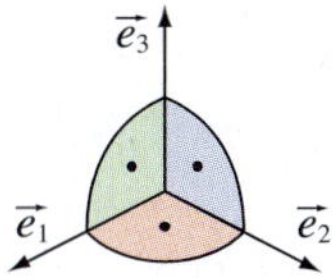

$$\vec{x} = x_1\vec{e_1} + x_2\vec{e_2} + x_3\vec{e_3} = \begin{pmatrix} x_1 \\ x_2 \\ x_3 \end{pmatrix}; \quad \vec{y} = \begin{pmatrix} y_1 \\ y_2 \\ y_3 \end{pmatrix}$$

- Skalarprodukt ist das *Standardskalarprodukt*:
  $\vec{x} \cdot \vec{y} = x_1y_1 + x_2y_2 + x_3y_3$

- *Betrag (Länge) eines Vektors*: $|\vec{x}| = \sqrt{x_1^2 + x_2^2 + x_3^2}$

- Vektoren der Länge 1 heißen *Einheitsvektoren.*
  Normierung eines Vektors: Zu jedem vom Nullvektor verschiedenen Vektor $\vec{x}$ gibt es zwei verschieden orientierte kollineare *Einheitsvektoren*
  $$\vec{x_0} = \frac{1}{|\vec{x}|}\vec{x} \text{ und } \vec{x_{00}} = \frac{-1}{|\vec{x}|}\vec{x}.$$

- Größe φ des *Winkels zwischen zwei Vektoren* $\vec{x}$ und $\vec{y}$:
  $$\cos\varphi = \frac{\vec{x} \cdot \vec{y}}{|\vec{x}| \cdot |\vec{y}|} = \frac{x_1y_1 + x_2y_2 + x_3y_3}{\sqrt{x_1^2 + x_2^2 + x_3^2}\sqrt{y_1^2 + y_2^2 + y_3^2}} \quad \text{mit } 0^\circ \leq \varphi \leq 180^\circ.$$

- $\vec{x}$ und $\vec{y}$ sind dann und nur dann *orthogonal*, wenn
  $\vec{x} \cdot \vec{y} = x_1y_1 + x_2y_2 + x_3y_3 = 0$ erfüllt ist.
  Zueinander *normale* (senkrechte) Vektoren sind orthogonal und vom Nullvektor verschieden.

- Jedem Punkt $A\,(a_1|a_2|a_3)$ wird ein Ortsvektor $\vec{x_A}$ zugewiesen.

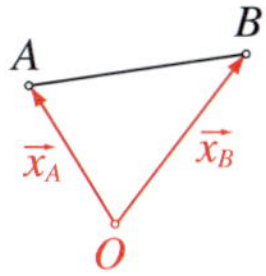

$$\overrightarrow{AB} = \vec{x_B} - \vec{x_A} = \begin{pmatrix} b_1 \\ b_2 \\ b_3 \end{pmatrix} - \begin{pmatrix} a_1 \\ a_2 \\ a_3 \end{pmatrix} = \begin{pmatrix} b_1 - a_1 \\ b_2 - a_2 \\ b_3 - a_3 \end{pmatrix}$$

  Länge d der Strecke $[AB]$ (Entfernung bzw. Abstand der Punkte A und B):
  $$d = \overline{AB} = |\overrightarrow{AB}| = \sqrt{(\vec{x_B} - \vec{x_A}) \cdot (\vec{x_B} - \vec{x_A})}$$
  $$= \sqrt{(b_1 - a_1)^2 + (b_2 - a_2)^2 + (b_3 - a_3)^2}$$

- *Parallelogramm ABCD*

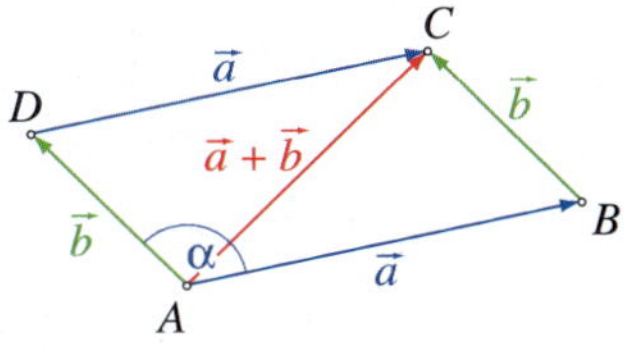

  Seiten: $\overrightarrow{AB} = \overrightarrow{DC} = \vec{x_B} - \vec{x_A} = \vec{x_C} - \vec{x_D} = \vec{a}$
  $\overrightarrow{AD} = \overrightarrow{BC} = \vec{x_D} - \vec{x_A} = \vec{x_C} - \vec{x_B} = \vec{b}$
  Diagonalen: $\overrightarrow{AC} = \vec{a} + \vec{b}$ und $\overrightarrow{BD} = \vec{b} - \vec{a}$
  Flächeninhalt des Parallelogramms *ABCD*:
  $$A = |\vec{a} \times \vec{b}| = \sqrt{(\vec{a} \cdot \vec{a})(\vec{b} \cdot \vec{b}) - (\vec{a} \cdot \vec{b})(\vec{a} \cdot \vec{b})} = |\vec{a}| \cdot |\vec{b}| \cdot \sin\alpha$$

- *Teilverhältnis*:
  Der Punkt $T(\vec{x_T})$ hat bezüglich der Strecke $[AB]$ das *Teilverhältnis* λ, wenn gilt: $\overrightarrow{AT} = \lambda \overrightarrow{TB}$, also $\vec{x_T} - \vec{x_A} = \lambda(\vec{x_B} - \vec{x_T})$.
  Mittelpunkt M der Strecke $[A, B]$ zu $\lambda = 1$: $\vec{x_M} = \frac{1}{2}(\vec{x_A} + \vec{x_B})$

Vektorprodukt

Die Basisvektoren bilden ein orthonormiertes Rechtssystem:
$\vec{e_1}, \vec{e_2}, \vec{e_3}$ haben die Länge 1, sind paarweise orthogonal und bilden in dieser Reihenfolge ein Rechtssystem.

Vektorprodukt (äußeres Produkt, Kreuzprodukt)
Der Vektor $\vec{a} \times \vec{b}$ (gelesen: „$\vec{a}$ Kreuz $\vec{b}$")

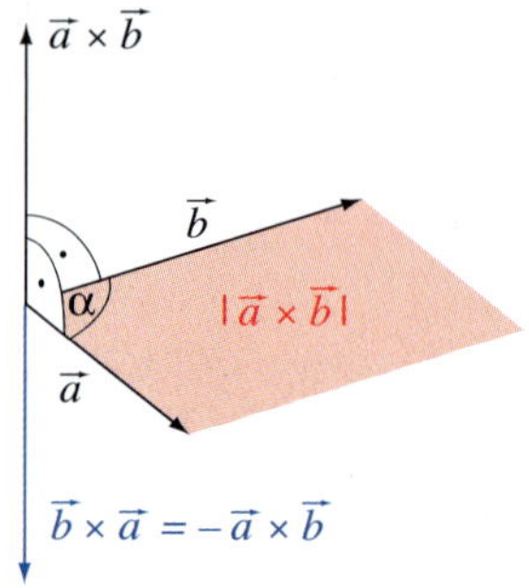

- ist zu $\vec{a}$ und zu $\vec{b}$ orthogonal,
- $\vec{a}, \vec{b}, \vec{a} \times \vec{b}$ bilden ein Rechtssystem,
- $|\vec{a} \times \vec{b}| = |\vec{a}| \cdot |\vec{b}| \cdot \sin\alpha$ ist gleich dem *Flächeninhalt A* des von $\vec{a}$ und $\vec{b}$ aufgespannten Parallelogramms. ($\vec{a}$ und $\vec{b}$ schließen einen Winkel der Größe α ein.)
- *In Koordinaten*:
  $$\vec{a} \times \vec{b} = \begin{pmatrix} a_1 \\ a_2 \\ a_3 \end{pmatrix} \times \begin{pmatrix} b_1 \\ b_2 \\ b_3 \end{pmatrix} = \begin{pmatrix} a_2 b_3 - a_3 b_2 \\ -a_1 b_3 + a_3 b_1 \\ a_1 b_2 - a_2 b_1 \end{pmatrix}$$
- Ist $\vec{a} \times \vec{b} = \vec{0}$, dann sind $\vec{a}$ und $\vec{b}$ *linear abhängig*.
- Ist $|\vec{a} \times \vec{b}| = |\vec{a}|\,|\vec{b}|$, dann sind $\vec{a}$ und $\vec{b}$ *orthogonal*.

Spatprodukt
Das Spatprodukt $(\vec{a}, \vec{b}, \vec{c}) := (\vec{a} \times \vec{b}) \cdot \vec{c}$ ist eine reelle Zahl. Ihr Betrag ist gleich dem Volumen eines von $\vec{a}$, $\vec{b}$ und $\vec{c}$ aufgespannten *Parallelflachs* (*Spates*).
$(\vec{a}, \vec{b}, \vec{c}) = c_1(a_2 b_3 - a_3 b_2) - c_2(a_1 b_3 - a_3 b_1) + c_3(a_1 b_2 - a_2 b_1)$
$(\vec{a}, \vec{b}, \vec{c}) = \det(\vec{a}, \vec{b}, \vec{c})$ heißt auch die von $\vec{a}$, $\vec{b}$, $\vec{c}$ gebildete dreireihige *Determinante*.

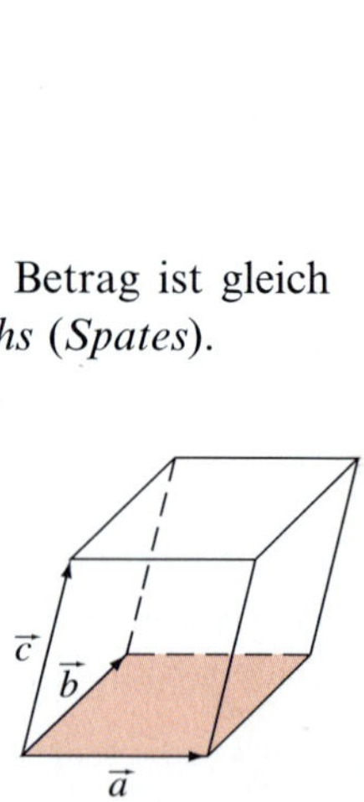

- Ist $(\vec{a}, \vec{b}, \vec{c}) > 0$, dann bilden $\vec{a}$, $\vec{b}$ und $\vec{c}$ ein Rechtssystem.
- Ist $(\vec{a}, \vec{b}, \vec{c}) = 0$, dann sind $\vec{a}$, $\vec{b}$ und $\vec{c}$ linear abhängig.
- Ist $(\vec{a}, \vec{b}, \vec{c}) < 0$, dann bilden $\vec{a}$, $\vec{b}$ und $\vec{c}$ ein Linkssystem.

Geraden und Ebenen

Geraden

Parameterdarstellung einer Geraden

- $g\colon \vec{x} = \vec{x_1} + t\vec{a}$ mit $t \in \mathbb{R}$ *(Punkt-Richtungs-Form)*
  g geht durch den Punkt $P_1(\vec{x_1})$ und hat den Richtungsvektor $\vec{a} \neq \vec{0}$.
  Man nennt P_1 *Aufpunkt*, $\vec{x_1}$ *Stützvektor* und t *Parameter*. Jeder Punkt der Geraden g ist als Aufpunkt und alle Vielfachen $k\vec{a} \neq \vec{0}$ sind als Richtungsvektoren geeignet.

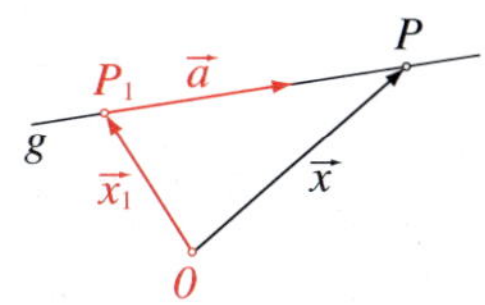

  Der Punkt $Q(\vec{x_Q})$ ist dann und nur dann ein Punkt von g, wenn es eine reelle Zahl t_0 mit $\vec{x_Q} = \vec{x_1} + t_0\vec{a}$ gibt. *(Punktprobe für Q)*

- Gegeben sind zwei Punkte $P_1(\vec{x_1})$ und $P_2(\vec{x_2})$ der Geraden g.
  $g\colon \vec{x} = \vec{x_1} + t(\vec{x_2} - \vec{x_1})$ mit $t \in \mathbb{R}$ *(Zwei-Punkte-Form)*

- Parameterfreie Darstellung einer Geraden im Raum als *Schnittmenge zweier Ebenen*: $g\colon a_1x + b_1y + c_1z + d_1 = 0$ und $a_2x + b_2y + c_2z + d_2 = 0$

Zwei Geraden im Raum

Bei der gegenseitigen Lage zweier Geraden
$g\colon \vec{x} = \vec{x_1} + t\vec{a}$ mit $t \in \mathbb{R}$ und $h\colon \vec{x} = \vec{x_2} + r\vec{b}$ mit $r \in \mathbb{R}$
sind im Raum folgende Fälle zu unterscheiden:

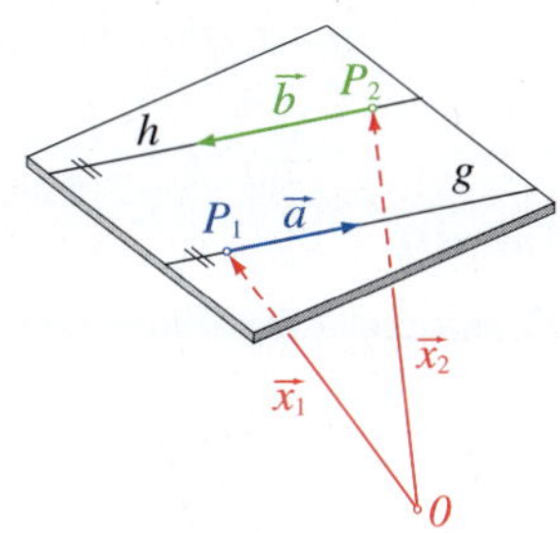

1. Fall: g und h liegen in einer Ebene.
Genau dann sind $\vec{x_2} - \vec{x_1}$, $\vec{a}$ und $\vec{b}$ linear abhängig.

- **1. Unterfall:** g und h sind parallel.
  Dann sind $\vec{a}$ und $\vec{b}$ linear abhängig.
  Sind überdies $\vec{x_2} - \vec{x_1}$ und $\vec{a}$ linear abhängig, so handelt es sich bei g und h um die gleiche Gerade.

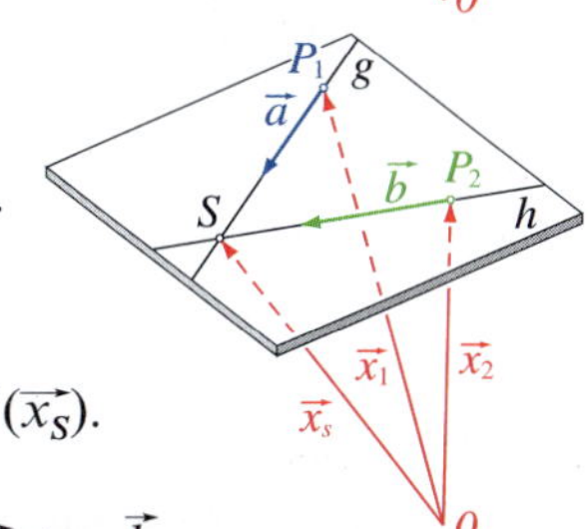

- **2. Unterfall:** g und h schneiden sich.
  Dann sind $\vec{a}$ und $\vec{b}$ linear unabhängig und g und h haben genau einen gemeinsamen Punkt $S(\vec{x_S})$.
  Daher gibt es zwei Zahlen t_0 und r_0 mit
  $\vec{x_1} + t_0\vec{a} = \vec{x_2} + r_0\vec{b}$ und es ist $\vec{x_S} = \vec{x_1} + t_0\vec{a} = \vec{x_2} + r_0\vec{b}$.

2. Fall: g und h sind windschief.
Dann gibt es keine Ebene, in der g und h liegen.
Genau dann sind $\vec{x_2} - \vec{x_1}$, $\vec{a}$ und $\vec{b}$ linear unabhängig.
Windschiefe Geraden sind nicht parallel und haben keinen gemeinsamen Punkt (keinen Schnittpunkt).

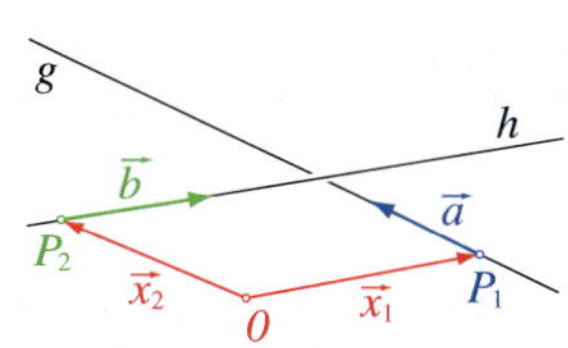

Abstände bei Geraden

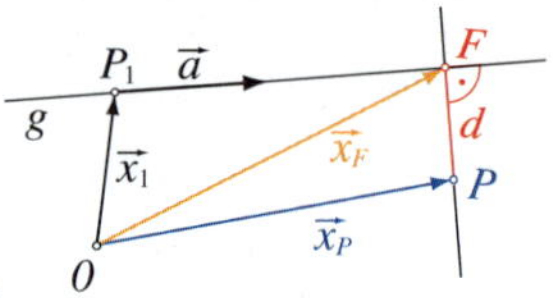

- *Abstand d des Punktes $P(\vec{x_P})$ von der Geraden*
  $g\colon \vec{x} = \vec{x_1} + t\vec{a}$ mit $t \in \mathbb{R}$.
  Der Parameterwert t_F des Normalenfußpunktes F auf g ergibt sich aus
  $\vec{a} \cdot \overrightarrow{PF} = \vec{a} \cdot (\vec{x_1} + t_F\vec{a} - \vec{x_P}) = 0$. Es ist $d = \sqrt{\overrightarrow{PF} \cdot \overrightarrow{PF}}$.
  Um den Schnittpunkt F der Senkrechten zu g durch P mit g zu ermitteln, kann auch benutzt werden, dass die Ebene $E\colon \vec{a} \cdot (\vec{x} - \vec{x_P}) = 0$ durch P mit dem Normalenvektor $\vec{a}$ die Gerade g in F schneidet.

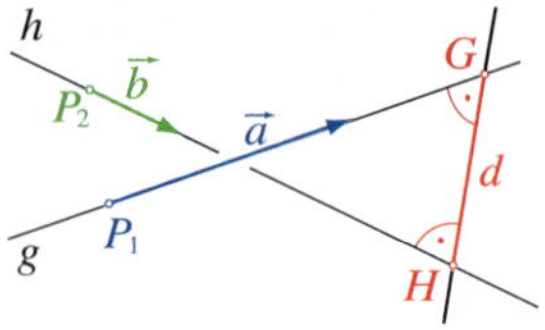

- *Abstand d zweier windschiefer Geraden*
  $g\colon \vec{x} = \vec{x_1} + t\vec{a}$ mit $t \in \mathbb{R}$ und $h\colon \vec{x} = \vec{x_2} + r\vec{b}$ mit $r \in \mathbb{R}$.
  Die Parameterwerte t_G und r_H der Fußpunkte G und H der *gemeinsamen Normalen* (des Gemeinlotes) ergeben sich aus dem Gleichungssystem
  $\vec{a} \cdot (\vec{x_1} + t_G\vec{a} - \vec{x_2} - r_H\vec{b}) = 0$ und $\vec{b} \cdot (\vec{x_1} + t_G\vec{a} - \vec{x_2} - r_H\vec{b}) = 0$.
  Es ist $d = \sqrt{\overrightarrow{GH} \cdot \overrightarrow{GH}}$.
- *Abstand d einer Geraden zu einer parallelen Geraden*
  Jeder Punkt der einen Geraden hat von der anderen den Abstand d.

Ebenen

Parameterdarstellung einer Ebene

Eine Ebene E kann eindeutig vorgegeben werden

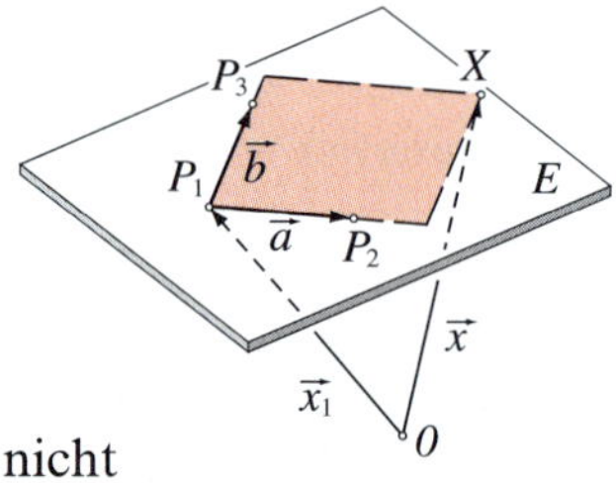

- durch einen Punkt $P(\vec{x_1})$ und zwei linear unabhängige zu E parallele *Richtungsvektoren* (*Spannvektoren*) $\vec{a}$ und $\vec{b}$.
  $E\colon \vec{x} = \vec{x_1} + u\vec{a} + v\vec{b}$ mit $u, v \in \mathbb{R}$.
- durch einen Punkt $P(\vec{x_1})$ und eine Gerade $g\colon \vec{x} = \vec{x_2} + t\vec{a}$ mit $t \in \mathbb{R}$, welche in E liegt und P nicht als einen ihrer Punkte enthält.
  $E\colon \vec{x} = \vec{x_1} + u(\vec{x_2} - \vec{x_1}) + v\vec{a}$ mit $u, v \in \mathbb{R}$.
- durch drei ihrer Punkte $P_1(\vec{x_1})$, $P_2(\vec{x_2})$ und $P_3(\vec{x_3})$, welche nicht auf einer Geraden liegen. (Dann sind $\vec{x_2} - \vec{x_1}$ und $\vec{x_3} - \vec{x_1}$ linear unabhängig.)
  $E\colon \vec{x} = \vec{x_1} + u(\vec{x_2} - \vec{x_1}) + v(\vec{x_3} - \vec{x_1})$ mit $u, v \in \mathbb{R}$.

Normalenvektoren einer Ebene E

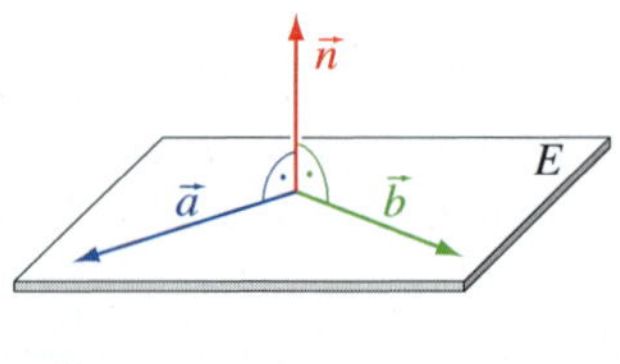

Jeder vom Nullvektor verschiedene Vektor $\vec{n}$, der zu mindestens zwei linear unabhängigen Richtungsvektoren $\vec{a}$ und $\vec{b}$ von E senkrecht (normal) ist, ist zu jedem Richtungsvektor von E senkrecht.
Ein solcher Vektor heißt ein *Normalenvektor* der Ebene E.

Koordinaten eines Normalenvektors $\vec{n}$ ergeben sich
- als ein Lösungselement des Gleichungssystems $\vec{a} \cdot \vec{n} = 0$ und $\vec{b} \cdot \vec{n} = 0$
- oder auch aus dem Vektorprodukt $\vec{n} = \vec{a} \times \vec{b}$.

Parameterfreie Darstellung von Ebenen

- Eine Ebene kann durch einen Punkt $P_1(\vec{x_1})$ und einen Normalenvektor $\vec{n}$ vorgegeben werden. Alle Normalenvektoren einer Ebene sind kollinear.
  $E\colon \vec{n} \cdot (\vec{x} - \vec{x_1}) = 0$
  $E\colon n_x x + n_y y + n_z z - n_x x_1 - n_y y_1 - n_z z_1 = 0$
- $E\colon ax + by + cz + d = 0$ hat $\vec{n} = \begin{pmatrix} a \\ b \\ c \end{pmatrix}$ als einen Normalenvektor.

Hessesche Normalform (Normalenform)

- Ist der Normalenvektor $\vec{n_0}$ normiert und so orientiert, dass $\vec{n_0}$ gegebenenfalls vom Koordinatenursprung $O\,(\vec{0})$ zur Ebene E zeigt, so ergibt sich die Ebenengleichung
  $E\colon \vec{n_0} \cdot (\vec{x} - \vec{x_1}) = 0$ in *hessescher Normalform* (*hessescher Normalenform*).
- Ebenengleichung in hessescher Normalform
  $E\colon Ax + By + Cz + D = 0$ mit $A^2 + B^2 + C^2 = 1$ und $D \leq 0$.
- Umformung der Ebenengleichung $E\colon ax + by + cz + d = 0$ in hessesche Normalform:
  $$E\colon \frac{ax + by + cz + d}{\pm\sqrt{a^2 + b^2 + c^2}} = 0 \text{ mit } \begin{cases} +\sqrt{}, & \text{im Falle } d \leq 0 \\ -\sqrt{}, & \text{im Falle } d \geq 0 \end{cases}$$
- *Abstand e eines Punktes von einer Ebene*
  Der Punkt $P\,(\vec{x_P})$ hat von der in *hessescher Normalform* gegebenen Ebene $E\colon \vec{n_0} \cdot (\vec{x} - \vec{x_1}) = 0$ den „*orientierten Abstand*" $e = \vec{n_0} \cdot (\vec{x_P} - \vec{x_1})$.
  Die Ebene E zerlegt den Raum in zwei Halbräume. Liegt P nicht auf E, belegt $e < 0$, dass P und der Ursprung $O\,(0|0|0)$ bezüglich E im gleichen Halbraum liegen.

  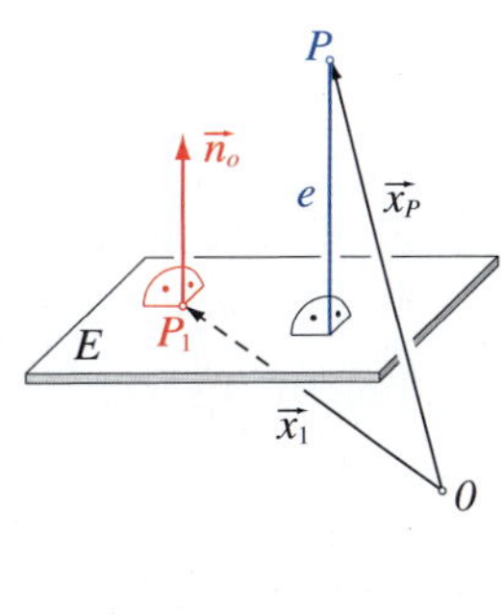

  In Koordinaten:
  Der Punkt $P\,(x_P, y_P, z_P)$ hat von der in *hessescher Normalform* gegebenen Ebene
  $E\colon Ax + By + Cz + D = 0$
  den „orientierten Abstand"
  $e = Ax_P + By_P + Cz_P + D$.
- *Abstand e einer Geraden zu einer parallelen Ebene*
  Jeder Punkt der Geraden hat von der Ebene den Abstand e.
- *Abstand e einer Ebene zu einer parallelen Ebene*
  Jeder Punkt der einen Ebene hat von der anderen Ebene den Abstand e.

Größen von Winkeln

- Die **Halbgeraden** $h_1^+: \vec{x} = \vec{x_1} + t\vec{a}$ mit $t \geq 0$
und $h_2^+: \vec{x} = \vec{x_1} + s\vec{b}$ mit $s \geq 0$
schließen einen Winkel der Größe φ ein.
Es ist $\cos\varphi = \dfrac{\vec{a}\cdot\vec{b}}{|\vec{a}|\,|\vec{b}|}$ mit $0° \leq \varphi \leq 180°$.
Analog kann die Größe des Winkels berechnet werden, den zwei *Körperkanten* einschließen.

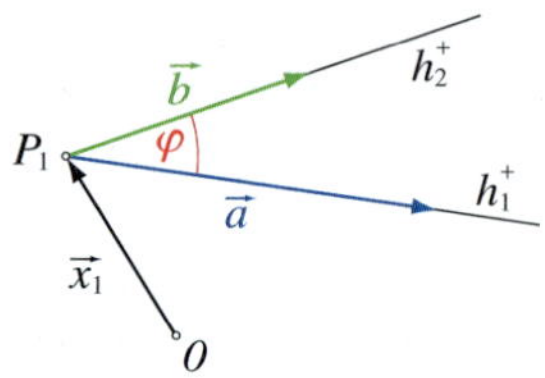

- Die **Geraden** $g_1: \vec{x} = \vec{x_1} + t\vec{a}$ mit $t \in \mathbb{R}$ und $g_2: \vec{x} = \vec{x_2} + s\vec{b}$ mit $s \in \mathbb{R}$ schließen einen Winkel der Größe γ ein. Es ist $\cos\gamma = \dfrac{|\vec{a}\cdot\vec{b}|}{|\vec{a}|\,|\vec{b}|}$ mit $0° \leq \gamma \leq 90°$.

- Die **Ebene** $E: \vec{n}\cdot(\vec{x} - \vec{x_1}) = 0$ und die **Gerade** $g: \vec{x} = \vec{x_2} + t\vec{a}$ mit $t \in \mathbb{R}$ schließen einen Winkel der Größe α ein. Es ist $\sin\alpha = \dfrac{|\vec{a}\cdot\vec{n}|}{|\vec{a}|\,|\vec{n}|}$ mit $0° \leq \alpha \leq 90°$.

- Die **beiden Ebenen** $E: \vec{n}\cdot(\vec{x} - \vec{x_1}) = 0$ und $F: \vec{m}(\vec{x} - \vec{x_2}) = 0$ schließen einen Winkel der Größe β ein. Es ist $\cos\beta = \dfrac{|\vec{m}\cdot\vec{n}|}{|\vec{m}|\,|\vec{n}|}$ mit $0° \leq \beta \leq 90°$.

Kugel

Kugel K mit dem Mittelpunkt $M(0|0|0)$ und dem Radius r.

- **Kugelgleichung**
$K: \vec{x}\cdot\vec{x} = r^2$
$K: x^2 + y^2 + z^2 = r^2$

- **Tangentialebene** T mit dem Berührpunkt $P(x_1|y_1|z_1)$
$T: \vec{x_1}\cdot\vec{x} = r^2$
$T: x_1x + y_1y + z_1z = r^2$

Kugel K mit dem Mittelpunkt $M(\vec{x_0}) = M(x_0|y_0|z_0)$ und dem Radius r

- **Kugelgleichung**
$K: (\vec{x} - \vec{x_0})\cdot(\vec{x} - \vec{x_0}) = r^2$
$K: (x - x_0)^2 + (y - y_0)^2 + (z - z_0)^2 = r^2$

- **Tangentialebene** T mit dem Berührpunkt $P(\vec{x_1}) = P(x_1|y_1|z_1)$
$T: (\vec{x_1} - \vec{x_0})\cdot(\vec{x} - \vec{x_0}) = r^2$
$T: (x_1 - x_0)(x - x_0) + (y_1 - y_0)(y - y_0) + (z_1 - z_0)(z - z_0) = r^2$
Da der Radiusvektor $\vec{x_0} - \vec{x_1}$ ein Normalenvektor der Tangentialebene ist, kann diese Tangentialebene auch wie folgt dargestellt werden:
$T: (\vec{x_0} - \vec{x_1})\cdot(\vec{x} - \vec{x_1}) = 0.$

Zahlenfolgen

Abbildungen von $\mathbb{N}$ (oder auch von $\mathbb{N}^*$) in $\mathbb{R}$ heißen *Zahlenfolgen*. Das Bild von n heißt das *n-te Glied der Folge* (a_n) und wird mit a_n bezeichnet.

Schranken

- Eine Zahlenfolge (a_n) heißt *beschränkt*, wenn es mindestens eine Zahl $k > 0$ (eine *Schranke*) so gibt, dass $-k < a_n < k$ für alle Glieder a_n erfüllt ist.
- Eine Zahlenfolge (a_n) heißt *nach* $\genfrac{}{}{0pt}{}{\textit{oben}}{\textit{unten}}$ *beschränkt*, wenn es mindestens eine Zahl $\genfrac{}{}{0pt}{}{k_1}{k_2}$ (eine $\genfrac{}{}{0pt}{}{\textit{obere}}{\textit{untere}}$ *Schranke*) so gibt, dass $\genfrac{}{}{0pt}{}{a_n < k_1}{a_n > k_2}$ für alle a_n erfüllt ist.

Monotonie

- Eine Zahlenfolge (a_n) heißt *monoton zunehmend* (*wachsend, steigend, nicht abnehmend*), wenn $a_n \leq a_{n+1}$ für alle n erfüllt ist.
  Gleichwertig ist: $a_{n+1} - a_n \geq 0$ für alle n.
- Die Folge (a_n) heißt *streng monoton wachsend*, wenn sogar $a_n < a_{n+1}$ gilt.
- Entsprechend werden (streng) monoton abnehmende Zahlenfolgen definiert.

Grenzwert

Eine Zahlenfolge (a_n) heißt *konvergent zum Grenzwert g*, wenn gilt:
Zu jeder beliebig, aber fest vorgegebenen Zahl $\varepsilon > 0$ gibt es (dazu passend) stets mindestens eine Zahl $n_0 \in \mathbb{N}$ so, dass $|g - a_n| < \varepsilon$ für alle n mit $n \geq n_0$ erfüllt ist.
Schreibweise: $\lim\limits_{n \to \infty} a_n = g$. (Gelesen: „Limes von a_n für n gegen unendlich ...“)

Aussagen über Grenzwerte

- Eine Zahlenfolge hat höchstens einen Grenzwert.
- Jede konvergente Folge ist beschränkt (die Umkehrung gilt nicht).
- Jede monotone und beschränkte Folge ist konvergent.
- Eine Folge mit dem Grenzwert 0 heißt *Nullfolge*.

Divergenz

- Eine Zahlenfolge a_n strebt gegen $+\infty$, wenn es zu jeder beliebig, aber fest vorgegebenen Zahl $k > 0$ stets mindestens ein $n_0 \in \mathbb{N}$ so gibt, dass $k < a_n$ für alle $n \geq n_0$ erfüllt ist. Man schreibt: $a_n \to +\infty$ für $n \to \infty$.
- Ist eine Zahlenfolge nicht konvergent, so heißt sie *divergent*.
  Strebt sie gegen $+\infty$ oder gegen $-\infty$ wird sie „*bestimmt divergent*“ genannt.

Grenzwertsätze

Hat (a_n) den Grenzwert a und hat (b_n) den Grenzwert b, so gilt:
$\lim\limits_{n \to \infty} (a_n \pm b_n) = a \pm b$ und $\lim\limits_{n \to \infty} (a_n b_n) = ab$ und $\lim\limits_{n \to \infty} (a_n : b_n) = a : b$ für $b_n \neq 0$; $b \neq 0$.

Einige Grenzwerte

$$\lim_{n \to \infty} \frac{1}{n} = 0; \quad \lim_{n \to \infty} a^n = 0 \text{ für } |a| < 1; \quad \lim_{n \to \infty} \frac{\ln n}{n} = 0; \quad \lim_{n \to \infty} \frac{a^n}{n!} = 0; \quad \lim_{n \to \infty} \sqrt[n]{n} = 1$$

$$\lim_{n \to \infty} \left(1 + \frac{1}{n}\right)^n = \mathrm{e} \approx 2{,}71828\ldots \text{ (\textit{eulersche Zahl})}; \quad \lim_{n \to \infty} \left(1 + \frac{x}{n}\right)^n = \mathrm{e}^x$$

Funktionen

Definitionen

Eine Funktion f ist eine Abbildung, die jedem Element x der *Definitionsmenge* D eindeutig genau ein Element y der *Zielmenge* B zuordnet. Die *Wertemenge* W der Funktion f ist die Menge $W := \{f(x) | x \in D\}$ der Werte (Bilder) von f.

Geschrieben: f: $D \to B$ mit der Elementzuordnung $x \mapsto f(x)$

Gelesen: „D wird abgebildet in B.“ bzw. „x wird abgebildet auf f von x.“

Wird eine *Funktionsgleichung* $y = f(x)$ benutzt, heißen x das *Argument* (die unabhängige Variable), y die *abhängige Variable* und $f(x)$ der *Funktionsterm*.

- f: $D \to B$ heißt *surjektiv*, wenn jedes Element von B Bildelement ist.
  f: $D \to B$ heißt *injektiv* (umkehrbar), wenn aus $f(x_1) = f(x_2)$ stets $x_1 = x_2$ folgt. (Dann gibt es zu jedem Element von B höchstens ein Urelement von D.)
  f: $D \to B$ heißt *bijektiv*, wenn f zugleich surjektiv und injektiv ist.

- Ist die Funktion f^*: $D \to B$ injektiv, so ist die Funktion f: $D \to W$ bijektiv.
  Wenn f: $D \to W$ bijektiv ist, dann gibt es die *Umkehrfunktion* $g = f^{-1}$ von f.
  Mengenzuordnungen: $D \xrightarrow{f} W \xrightarrow{g} D$
  Elementzuordnung: $x \overset{f}{\mapsto} y = f(x) \overset{g}{\mapsto} g(y) = x$.
  Kann die Gleichung $y = f(x)$ nach x aufgelöst werden, ergibt sich die Gleichung $x = g(y)$.
  Zu $y = f(x)$ und $x = g(y)$ gehört der gleiche Graph k.
  Werden nun die Variablen x und y vertauscht, so ergibt sich g: $x \mapsto y = g(x)$.
  Der Graph $\bar{k}$: $y = g(x)$ entsteht aus k: $y = f(x)$ durch Spiegelung an der 1. Winkelhalbierenden w: $y = x$.

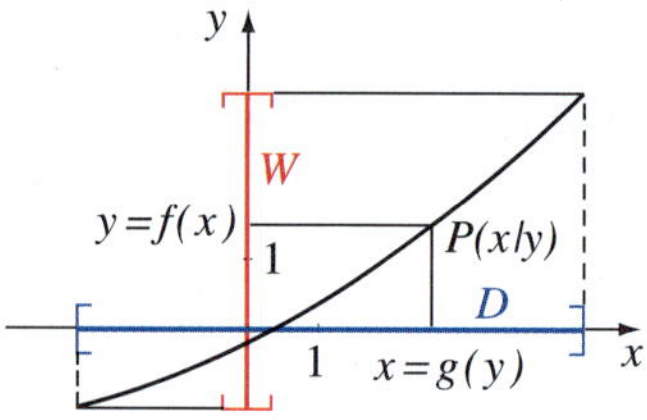

Einige Funktionsklassen und Funktionen

- **Ganzrationale Funktion** f vom Grad n:
  $x \mapsto f(x) = a_n x^n + a_{n-1} x^{n-1} + \ldots + a_1 x + a_0$ mit $a_i \in \mathbb{R}$, $a_n \neq 0$.
  Der Funktionsterm heißt *Polynom n-ten Grades*,
  der Graph k: $y = f(x)$ heißt eine *Parabel n-ter Ordnung*.

- **Gebrochen rationale Funktion**: $f(x) = \dfrac{a_n x^n + \ldots + a_1 x + a_0}{b_m x^m + \ldots + b_1 x + b_0}$ mit $a_i, b_j \in \mathbb{R}$.

- Eine **algebraische Kurve** wird durch eine algebraische Gleichung $P_n(x) y^n + \ldots + P_1(x) y + P_0(x) = 0$ mit Polynomen $P_i(x)$ gegeben.

- Eine **transzendente Funktion** kann nicht durch eine algebraische Gleichung gegeben werden. (*Beispiele*: sin; ln; ...)

Grenzwert für x gegen a

Die Funktion f sei in einer Umgebung der Stelle $x = a$ definiert, muss aber an der Stelle a selbst nicht definiert sein.

Grenzwert für x gegen a
Eine Zahl g heißt der *Grenzwert* von f für x gegen a, wenn es zu jeder beliebig, aber fest vorgegebenen Zahl $\varepsilon > 0$ stets mindestens eine (dazu passende) Zahl $\delta > 0$ derart gibt, dass $|f(x) - g| < \varepsilon$ für alle x mit $|x - a| < \delta$ und $x \neq a$ erfüllt ist.
Schreibweisen: $\lim\limits_{x \to a} f(x) = g$ beziehungsweise $f(x) \to g$ für $x \to a$

Halbseitige Grenzwerte für x gegen a
Ist $|f(x) - g| < \varepsilon$ für alle x mit $a - \delta < x < a$, so heißt $g = \lim\limits_{x \to a-0} f(x)$ der *linksseitige* Grenzwert von f an der Stelle a.
Ist $|f(x) - g| < \varepsilon$ für alle x mit $a < x < a + \delta$, so heißt $g = \lim\limits_{x \to a+0} f(x)$ der *rechtsseitige* Grenzwert von f an der Stelle a.

Grenzwert für x gegen plus unendlich
Eine Zahl g heißt der Grenzwert von f für x gegen plus unendlich, wenn es zu jeder beliebig, aber fest vorgegebenen Zahl $\varepsilon > 0$ stets mindestens eine (dazu passende) Stelle x_1 derart gibt, dass $|f(x) - g| < \varepsilon$ für alle x mit $x > x_1$ gilt.

Regel von De l'Hospital
Ist $\lim\limits_{x \to a} f(x) = \lim\limits_{x \to a} g(x) = 0$, sind beide Funktionen f und g differenzierbar mit $g'(x) \neq 0$ und existiert $\lim\limits_{x \to a} \dfrac{f'(x)}{g'(x)}$, so gilt $\lim\limits_{x \to a} \dfrac{f(x)}{g(x)} = \lim\limits_{x \to a} \dfrac{f'(x)}{g'(x)}$.

Stetige Funktionen

Die Funktion f heißt *an der Stelle a stetig*, wenn der Grenzwert von f für x gegen a existiert und mit dem Funktionswert $f(a)$ übereinstimmt: $\lim\limits_{x \to a} f(x) = f(a)$.

Es heißt f *global stetig*, wenn f an jeder Stelle ihrer Definitionsmenge stetig ist.

Stetig – differenzierbar
Jede differenzierbare Funktion ist stetig.
Es gibt stetige Funktionen, die nicht differenzierbar sind.

Satz vom Maximum und Minimum
Ist f im abgeschlossenen Intervall $[a, b]$ stetig, so gibt es $x_m, x_M \in [a, b]$ mit $f(x_m) \leq f(x) \leq f(x_M)$ für alle $x \in [a, b]$.

Nullstellensatz
Ist f in $[a, b]$ stetig und haben $f(a)$ und $f(b)$ verschiedene Vorzeichen, so gibt es mindestens eine Stelle x_0 mit $a < x_0 < b$ und $f(x_0) = 0$.

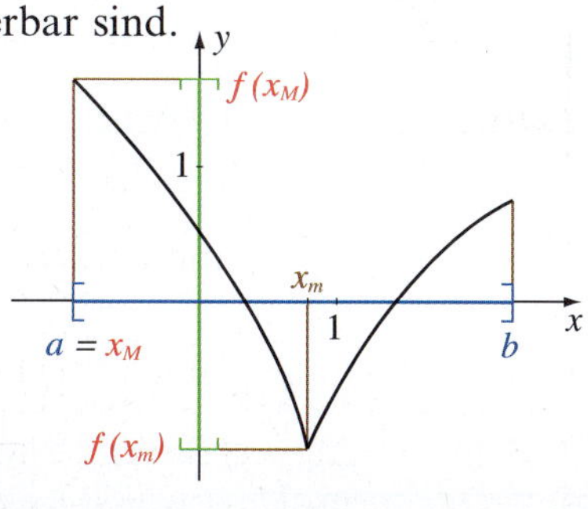

Differenzialrechnung

Eine Funktion f heißt an der Stelle x_0 *differenzierbar*, wenn der Grenzwert $f'(x_0) = \lim\limits_{x \to x_0} \dfrac{f(x) - f(x_0)}{x - x_0}$ existiert.

$f'(x_0)$ heißt Wert der ersten Ableitung von f an der Stelle x_0.

Ansätze zur Berechnung von $f'(x_0)$:

$$f'(x_0) = \lim_{x \to x_0} \frac{f(x) - f(x_0)}{x - x_0} = \lim_{\Delta x \to 0} \frac{f(x_0 + \Delta x) - f(x_0)}{\Delta x} = \lim_{h \to 0} \frac{f(x_0 + h) - f(x_0)}{h}$$

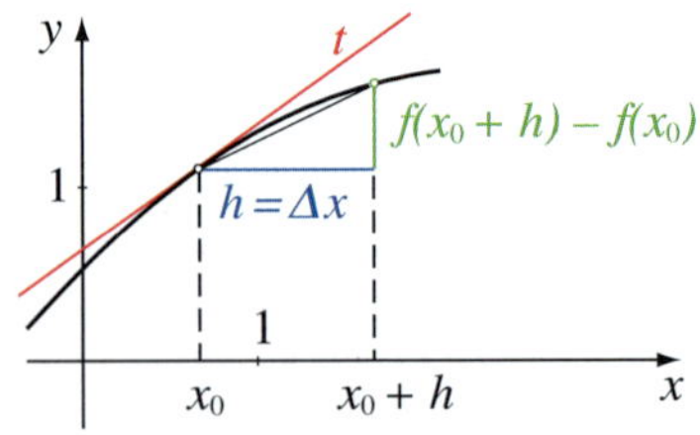

Differenzenquotient

Steigung der Sekante s durch $P(x_0|y_0)$ und $Q(x_0 + h|f(x_0 + h))$:

$$\tan \sigma = \frac{\Delta y}{\Delta x} = \frac{f(x_0 + h) - f(x_0)}{h}$$

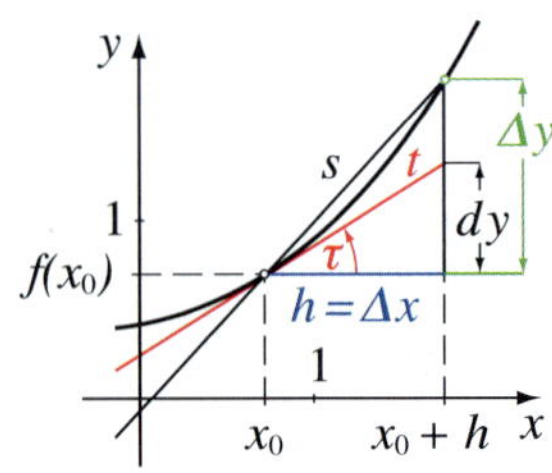

Differenzialquotient

Steigung der Tangente t in $P(x_0|y_0)$:

$$\tan \tau = \frac{dy}{dx} = \lim_{h \to 0} \frac{f(x_0 + h) - f(x_0)}{h} = f'(x_0)$$

Höhere Ableitungen: $f'' = (f')'$; $f''' = (f'')'$, ...

Ableitungen

Ableitungsregeln (Differentiationsregeln)

Es sein u: $x \mapsto u(x)$ und v: $x \mapsto v(x)$ auf einer gemeinsamen Definitionsmenge differenzierbar.

Summenregel $(u \pm v)' = u' \pm v'$

Faktorregel $(c \cdot f)' = c \cdot f'$ für $c \in \mathbb{R}$

Produktregel $(u \cdot v)' = u' \cdot v + u \cdot v'$

Quotientenregel $\left(\dfrac{u}{v}\right)' = \dfrac{u' \cdot v - u \cdot v'}{v^2}$

Kettenregel $y = f(u)$ und $u = g(x)$, also $y = f[g(x)]$, dann $y' = f'[g(x)] \cdot g'(x) = f'(u) \cdot g'(x)$.

Schreibweise mit Differenzialquotienten: $\dfrac{dy}{dx} = \dfrac{dy}{du} \cdot \dfrac{du}{dx}$

Umkehrfunktion Ist $x = g(y)$ Umkehrfunktion von $y = f(x)$, so $g'(y) = \dfrac{1}{f'(x)}$.
(Dabei ist noch keine Vertauschung der Variablen erfolgt.)

Ableitungen (Ableitungsfunktionen) f' einer Funktionen f

$f(x)$	$f'(x)$	$f(x)$	$f'(x)$
c	0	$\sin x$	$\cos x$
cx^n	cnx^{n-1} für $n \in \mathbb{N}^*$	$\cos x$	$-\sin x$
x^r	rx^{r-1} für $r \in \mathbb{R}\setminus\{0\}$	$\tan x$	$1+\tan^2 x = \dfrac{1}{\cos^2 x}$
e^x	e^x	a^x	$a^x \cdot \ln a$
$\ln x$	$\dfrac{1}{x}$	$\arctan x$	$\dfrac{1}{1+x^2}$

Sätze

Mittelwertsatz

Ist f in $]a, b[$ differenzierbar und an den Stellen a und b stetig, so gibt es mindestens eine Stelle z mit $a < z < b$

und $f'(z) = \dfrac{f(b)-f(a)}{b-a}$.

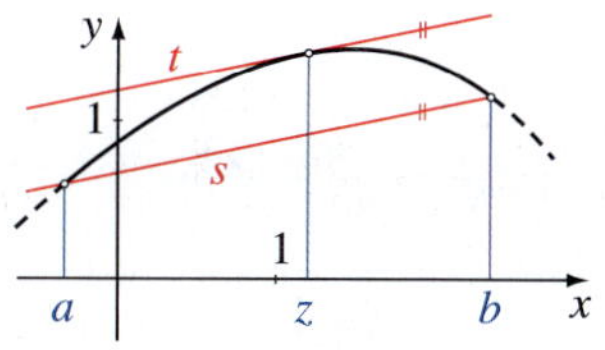

Mit diesem z ist
$f(b) = f(a) + f'(z)\cdot(b-a)$.

Satz von Taylor

Es sei f mindestens $(n+1)$-mal differenzierbar. Setzt man

$$f(a+h) = f(a) + \frac{f'(a)}{1!}h + \frac{f''(a)}{2!}h^2 + \ldots + \frac{f^{(n)}(a)}{n!}h^n + r_n$$

so gibt es dazu passend stets ein δ mit $0 < \delta < 1$ und

$$r_n = \frac{h^{n+1}}{(n+1)!}\cdot f^{(n+1)}(a+\delta h).$$

Potenzreihen

$$e^x = 1 + \frac{x}{1!} + \frac{x^2}{2!} + \frac{x^3}{3!} + \frac{x^4}{4!} + \ldots \quad \text{für alle } x \in \mathbb{R}$$

$$\sin x = \frac{x}{1!} - \frac{x^3}{3!} + \frac{x^5}{5!} - \frac{x^7}{7!} + \frac{x^9}{9!} - \ldots \quad \text{für alle } x \in \mathbb{R}$$

$$\cos x = 1 - \frac{x^2}{2!} + \frac{x^4}{4!} - \frac{x^6}{6!} + \frac{x^8}{8!} - \ldots \quad \text{für alle } x \in \mathbb{R}$$

Abschätzung

Bernoullische Ungleichung

$(1+x)^n \geq 1 + nx$ für $x > -1$ und $n \in \mathbb{N}$

Sinus

$x - \dfrac{x^3}{6} < \sin x < x$ für $0 < x < \dfrac{\pi}{2}$

Kosinus

$1 - \dfrac{x^2}{2} < \cos x < 1$ für $0 < x < \dfrac{\pi}{2}$

Näherungslösung einer Gleichung

Gesucht ist $\bar{x}$ mit $f(\bar{x}) = 0$.

Zwei Rohwerte

Ausgegangen wird von zwei beispielsweise grafisch ermittelten Rohwerten x_1 und x_2, für die $f(x_1)$ und $f(x_2)$ verschiedene Vorzeichen haben.

Fortgesetzte Intervallhalbierung

1. Verbesserungsschritt: $x_3 = \frac{1}{2}(x_1 + x_2)$

Ist $f(x_3) \neq 0$, wird entweder mit x_1 und x_3 oder mit x_2 und x_3 fortgesetzt.

Regula falsi (Sekantenverfahren)

1. Verbesserungsschritt:

$$x_3 = x_1 - f(x_1) \cdot \frac{x_2 - x_1}{f(x_2) - f(x_1)}$$

Ist $f(x_3) \neq 0$, wird das Verfahren entweder mit x_1 und x_3 oder mit x_2 und x_3 fortgesetzt.

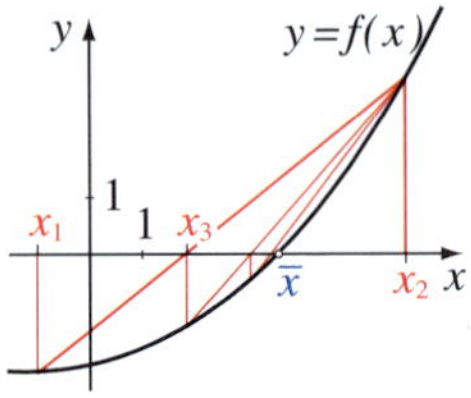

Ein Rohwert

Ein beispielsweise grafisch gefundener Rohwert x_0 mit $f(x_0) \approx 0$ soll schrittweise verbessert werden.

Newton-Verfahren (Tangentenverfahren)

1. Verbesserungsschritt: $x_1 = x_0 - \frac{f(x_0)}{f'(x_0)}$

Das Verfahren wird mit x_1 statt x_0 fortgesetzt.

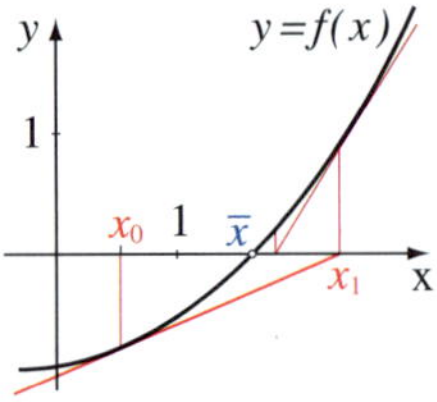

Allgemeines Iterationsverfahren

Von einem Rohwert x_0 mit $f(x_0) \approx 0$ ausgehend werden schrittweise die ersten Glieder einer Zahlenfolge $x_0, x_1, x_2, \ldots$ ermittelt, welche gegen $\bar{x}$ konvergiert.

Ein Ansatz:	$f(x) = 0$ wird nach x aufgelöst: $x = \varphi(x)$.
Anderer Ansatz:	$\varphi(x) = x - \frac{f(x)}{a}$ mit $a \approx f'(x_0)$ und $a \neq 0$.
Verfahren:	Es wird x_0, $x_1 = \varphi(x_0)$, $x_2 = \varphi(x_1)$, ... berechnet.
Konvergenz:	Gibt es in einem Intervall J genau ein $\bar{x}$ mit $f(\bar{x}) = 0$ und existiert eine Zahl L mit $0 \leq L < 1$ und $\lvert\varphi'(x)\rvert \leq L$ für $x \in J$, so konvergiert die Zahlenfolge (x_n) zumindest dann gegen $\bar{x}$, wenn x_0 aus J gewählt wird.
Abschätzungen:	$\lvert\bar{x} - x_n\rvert \leq \frac{L^n}{1-L} \lvert x_1 - x_0\rvert$ und $\lvert\bar{x} - x_{n+1}\rvert \leq \frac{L}{1-L}(x_{n+1} - x_n)$

Kurvenuntersuchung

Vorgegeben ist eine Funktion $f\colon D \to \mathbb{R}$ mit $x \mapsto f(x)$.
Liegt ein Koordinatensystem zugrunde, so heißt die Punktmenge
$k = \{P(x|y) | y = f(x) \text{ und } x \in D\}$ der *Graph* (das *Schaubild*) der Funktion f.
In Zeichen: $k\colon y = f(x)$.
Gelesen: „k wird gegeben durch die Gleichung ...“

Untersuchung von $f(x)$

Periode

f hat die *Periode* $p > 0$, wenn $f(x) = f(x + p)$ für alle $x \in D$ erfüllt ist und p die kleinste Zahl mit dieser Eigenschaft ist.

Stetig behebbare Definitionslücke

Ist die Funktion f an der Stelle x_0 nicht definiert und existiert $\lim\limits_{x \to x_0} f(x) = g$, so wird die Definitionslücke x_0 durch die Zusatzdefinition $f(x_0) = g$ derart geschlossen, dass danach die Funktion an der Stelle x_0 stetig ist.

Symmetrien

- k ist symmetrisch zur y-Achse, wenn $f(x) = f(-x)$ für alle $x \in D$ erfüllt ist.
  Gleichwertig ist: Es ist $f(x) - f(-x) = 0$ für alle $x \in D$.
  f heißt dann eine *gerade Funktion.*
- k ist punktsymmetrisch zum Ursprung $O(0|0)$, wenn $f(x) = -f(-x)$ für alle $x \in D$ erfüllt ist. Gleichwertig ist: Es ist $f(x) + f(-x) = 0$ für alle $x \in D$.
  Dann heißt f eine *ungerade Funktion.*
- k ist *symmetrisch zur Geraden g:* $x = a$, wenn $f(a + u) = f(a - u)$ für alle u mit $(a \pm u) \in D$ erfüllt ist.
  Gleichwertig ist: Es ist $f(a + u) - f(a - u) = 0$ für alle u mit $(a \pm u) \in D$.
- k ist *punktsymmetrisch zu* $W(a|b)$, wenn $\dfrac{f(a + u) + f(a - u)}{2} = b$ für alle u mit $(a \pm u) \in D$ erfüllt ist.

Asymptotische Näherungskurven

$n\colon y = g(x)$ heißt eine *asymptotische Näherungskurve* von $k\colon y = f(x)$, wenn $\lim\limits_{x \to +\infty} (f(x) - g(x)) = 0$ oder $\lim\limits_{x \to -\infty} (f(x) - g(x)) = 0$ oder beides erfüllt ist.
Ist n eine Gerade, so heißt n eine *Asymptote* von k.
Ist eine Asymptote parallel zur x-Achse, so heißt sie *waagrechte* (*horizontale*) *Asymptote*, andernfalls *schiefe Asymptote.*

Vertikale Asymptote

Ist f an der Stelle $x = a$ nicht definiert und strebt für x gegen a (oder für x von links gegen a oder für x von rechts gegen a) $f(x)$ gegen $+\infty$ oder gegen $-\infty$, dann hat die Funktion f an der Stelle a eine *Unendlichkeitstelle* (*Polstelle*) (*entweder mit Vorzeichenwechsel oder ohne Vorzeichenwechsel*).
Die Gerade $v\colon x = a$ nennt man dann eine *vertikale Asymptote.*

Nullstelle (Schnittpunkt mit der x-Achse)
Ist $a \in D$ und $f(a) = 0$, so heißt a eine *Nullstelle* von f.
$N(a|0)$ ist ein *Schnittpunkt* von k mit der x-Achse.

Monotonie

- f heißt im Intervall J *streng monoton zunehmend* (*streng monoton wachsend, steigend*), wenn für alle $x_1, x_2 \in J$ mit $x_1 < x_2$ stets $f(x_1) < f(x_2)$ gilt.
  Gleichwertig ist: Aus $x_2 - x_1 > 0$ folgt $f(x_2) - f(x_1) > 0$.
- f heißt im Intervall J *streng monoton abnehmend* (*streng monoton fallend*), wenn für alle $x_1, x_2 \in J$ mit $x_1 < x_2$ stets $f(x_1) > f(x_2)$ gilt.
  Gleichwertig ist: Aus $x_2 - x_1 > 0$ folgt $f(x_2) - f(x_1) < 0$.
- f heißt im Intervall J *monoton zunehmend* (*nicht abnehmend*), wenn für alle $x_1, x_2 \in J$ mit $x_1 < x_2$ stets $f(x_1) \leq f(x_2)$ gilt.
  Gleichwertig ist: Aus $x_2 - x_1 > 0$ folgt $f(x_2) - f(x_1) \geq 0$.

Untersuchung von $f'(x)$

Absolute und relative Extrema einer Funktion

- Ist $a \in D$ und $f(a) \geq f(x)$ für alle $x \in D$, so hat f an der Stelle $x = a$ ein *absolutes Maximum*. Gleichwertig ist: Es ist $f(a) - f(x) \geq 0$ für alle $x \in D$.
- Ist $b \in D$ und $f(b) \leq f(x)$ für alle $x \in D$, so hat f an der Stelle $x = b$ ein *absolutes Minimum*. Gleichwertig ist: Es ist $f(x) - f(b) \geq 0$ für alle $x \in D$.
- Ist $d \in D$ und gibt es mindestens eine Umgebung U von d so, dass $f(d) \geq f(x)$ für alle $x \in U$ erfüllt ist, so hat f an der Stelle $x = d$ ein *relatives Maximum* (ein *lokales Maximum*). Der Punkt $H(d|f(d))$ heißt dann ein *Hochpunkt*.
- Ist $e \in D$ und gibt es mindestens eine Umgebung U von e so, dass $f(e) \leq f(x)$ für alle $x \in U$ erfüllt ist, so hat f an der Stelle $x = e$ ein *relatives Minimum* (ein *lokales Minimum*). Der Punkt $T(e|f(e))$ heißt dann ein *Tiefpunkt*.

Zur Ermittlung von Extremwerten
Ist die Funktion f in $[a, b]$ definiert, kommen als absolute Extrema nicht nur relative Extrema, sondern auch die *Randwerte* $f(a)$ und $f(b)$ in Frage.

Vorzeichenuntersuchung
Hat eine stetige Funktion f in einem Intervall J keine Nullstelle, so hat $f(x)$ für alle $x \in J$ das gleiche Vorzeichen. Um dieses zu ermitteln, genügt es, für eine einzige Stelle (eine „Teststelle") $x_1 \in J$ das Vorzeichen von $f(x_1)$ zu bestimmen.

Globale Monotonieaussagen (Hinreichendes Kriterium)
Im Folgenden wird mit J ein Intervall bezeichnet.

- Ist $f'(x) > 0$ für alle $x \in J$, so ist f auf J streng monoton zunehmend.
- Ist $f'(x) < 0$ für alle $x \in J$, so ist f auf J streng monoton abnehmend.
- Ist $f'(x) \geq 0$ für alle $x \in J$, so ist f auf J nicht abnehmend.
- Ist $f'(x) \leq 0$ für alle $x \in J$, so ist f auf J nicht zunehmend.

Waagepunkt

Ist $f'(a) = 0$, dann heißt der Kurvenpunkt $P(a|f(a))$ ein *Waagepunkt*.
Ein Waagepunkt muss weder Hochpunkt noch Tiefpunkt sein.

Hochpunkte, Tiefpunkte

Ist f differenzierbar, so ist $f'(a) = 0$ eine *notwendige Bedingung* dafür, dass f an der Stelle $x = a$ ein relatives Extremum hat.

1. Hinreichende Bedingung für einen Hochpunkt
Ist $f'(a) = 0$ und $f''(a) < 0$, so ist $H(a|f(a))$ sicher ein Hochpunkt von k: $y = f(x)$.

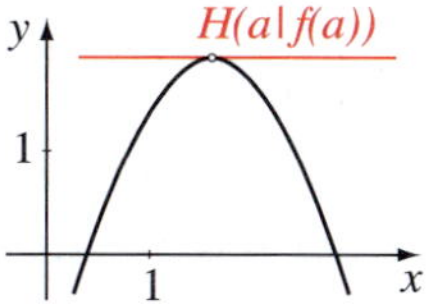

2. Hinreichende Bedingung für einen Hochpunkt
$H(a|f(a))$ ist schon dann als Hochpunkt erkannt, wenn neben $f'(a) = 0$ noch gezeigt ist, dass $f'(x)$ an der Stelle $x = a$ das Vorzeichen vom Positiven ins Negative wechselt.

1. Hinreichende Bedingung für die Existenz eines Tiefpunktes
Ist $f'(b) = 0$ und $f''(b) > 0$ erfüllt, so ist $T(b|f(b))$ sicher ein Tiefpunkt von k: $y = f(x)$.

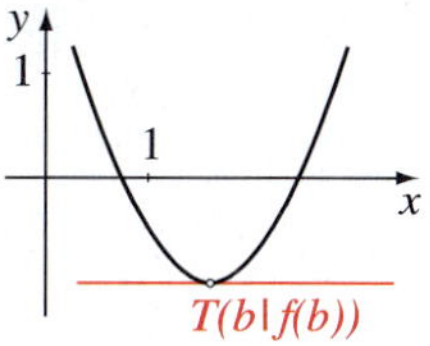

2. Hinreichende Bedingung für einen Tiefpunkt
$T(b|f(b))$ ist schon dann als Tiefpunkt erkannt, wenn neben $f'(b) = 0$ noch gezeigt ist, dass $f'(x)$ an der Stelle $x = b$ das Vorzeichen vom Negativen ins Positive wechselt.

Untersuchung von $f''(x)$

Krümmungsverhalten

- Ist f'' stetig und $f''(a) < 0$, so ist k: $y = f(x)$ in einer Umgebung der Stelle $x = a$ eine *Rechtskurve*.
  Ist f'' stetig und $f''(b) > 0$, so ist k: $y = f(x)$ in einer Umgebung der Stelle $x = b$ eine *Linkskurve*.
- Die Kurve k hat den *Wendepunkt* $W(c|f(c))$, wenn sie dort von einer Rechts- in eine Linkskurve oder von einer Links- in eine Rechtskurve übergeht.

Wendepunkte

Notwendige Bedingung für einen Wendepunkt
$W(c|f(c))$ ist höchstens dann ein Wendepunkt, wenn $f''(c) = 0$ erfüllt ist.

1. Hinreichende Bedingung für einen Wendepunkt
Ist $f''(c) = 0$ und $f'''(c) \neq 0$, so ist $W(c|f(c))$ sicher ein Wendepunkt von k: $y = f(x)$.

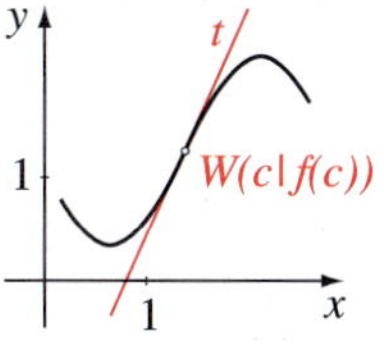

2. Hinreichende Bedingung für einen Wendepunkt
Ist $f''(c) = 0$ und wechselt $f''(x)$ an der Stelle $x = c$ das Vorzeichen, dann ist $W(c|f(c))$ ein Wendepunkt von k.

Tangente, Normale, Krümmungskreis

- k: $y = f(x)$ hat im Kurvenpunkt $P(u|f(u))$ die **Tangente**
  t: $y = f'(u)(x-u) + f(u)$
- Stets durchsetzt die **Wendetangente** der Kurve k: $y = f(x)$ die Kurve im Wendepunkt. Ein Wendepunkt $W(c|f(c))$ mit einer horizontalen Wendetangente ($f'(c) = 0$) heißt *Sattelpunkt* (Terrassenpunkt, Stufenpunkt).
- Die **Normale** n im Kurvenpunkt $P(u|f(u))$ ist senkrecht zur Tangente t in P.
  n: $y = \frac{-1}{f'(u)}(x-u) + f(u)$.
- Wir betrachten eine Kurve k: $y = f(x)$ über einem Intervall J.
  Ist $f''(x) < 0$ für alle $x \in J$, dann heißt die Kurve k dort *rechtsgekrümmt*.
  Ist $f''(x) > 0$ für alle $x \in J$, dann heißt die Kurve k dort *linksgekrümmt*.
  Man sagt statt rechtsgekrümmt auch (von unten gesehen) *konkav* und statt linksgekrümmt auch (von unten gesehen) *konvex*.
  Ist $f''(u) \neq 0$, dann hat die Kurve k zum Kurvenpunkt $P(u|f(u))$ einen **Krümmungskreis** mit dem Radius $\varrho = \frac{\sqrt{(1+[f'(u)]^2)^3}}{f''(u)}$ und dem Mittelpunkt $M(x_M|y_M)$ mit $x_M = u - \frac{f'(u)(1+[f'(u)]^2)}{f''(u)}$ und $y_M = f(u) + \frac{1+[f'(u)]^2}{f''(u)}$.

Schneiden, berühren, oskulieren von zwei Kurven

Zwei Kurven k: $y = f(x)$ und l: $y = g(x)$

- **schneiden** sich im Punkt $P(u|v)$ (haben den gemeinsamen Punkt $P(u|v)$), wenn $f(u) = g(u) = v$ erfüllt ist;
- **berühren** sich in $P(u|v)$ sogar, wenn $f(u) = g(u)$ und $f'(u) = g'(u)$ erfüllt sind;
- berühren sich in $P(u|v)$ von mindestens zweiter Ordnung (**oskulieren** sogar), wenn $f(u) = g(u)$ und $f'(u) = g'(u)$ und $f''(u) = g''(u)$ erfüllt sind;
- schneiden sich in $P(u|v)$ **orthogonal**, wenn $f(u) = g(u)$ und $f'(u) \cdot g'(u) = -1$ erfüllt sind.
- Der **Schnittwinkel**, unter dem sich die Kurven schneiden, ist der Winkel zwischen den beiden Tangenten im Schnittpunkt $P(u|f(u)) = P(u|g(u))$.
  Er hat die Größe φ mit $0° \leq \varphi \leq 90°$ und ergibt sich für $\varphi \neq 90°$ aus
  $\tan\varphi = \left|\frac{f'(u) - g'(u)}{1 + f'(u) \cdot g'(u)}\right|$.

Stammfunktion, unbestimmtes Integral

F: $x \mapsto F(x)$ heißt eine *Stammfunktion* der Funktion f: $x \mapsto f(x)$, wenn $F'(x) = f(x)$ für alle $x \in D_F = D_f$ erfüllt ist.

Im Folgenden sei die Definitionsmenge D_f die Menge $\mathbb{R}$ oder ein Intervall.
Jede stetige Funktion hat Stammfunktionen.
Sind F_1 und F_2 Stammfunktionen der gleichen Funktion f, so gibt es eine Konstante $c \in \mathbb{R}$ mit $F_1(x) = F_2(x) + c$ für alle $x \in D_f$.
Die Menge aller Stammfunktionen von f heißt das *unbestimmte Integral von f*.
Schreibweise: $\int f(x)\,dx = F(x) + c$ (c heißt *Integrationskonstante*.)

Integrationsregeln

- *Linearität*: $\int (f(x) \pm g(x))\,dx = \int f(x)\,dx \pm \int g(x)\,dx$
  $\int a \cdot f(x)\,dx = a \cdot \int f(x)\,dx$ für $a \in \mathbb{R}$
- *Partielle Integration (Produktintegration)*:
  $\int u'(x)\,v(x)\,dx = u(x)\,v(x) - \int u(x)\,v'(x)\,dx$
  kurz gefasst: $\int u'v\,dx = uv - \int uv'\,dx$
- *Integration durch Substitution*:
  $\int f[g(x)]\,g'(x)\,dx = \int f(u)\,du$ mit $u = g(x)$, $du = g'(x)\,dx$
- *Logarithmische Integration*:
  $\int \frac{f'(x)}{f(x)}\,dx = \ln|f(x)| + c$, falls $f(x) \neq 0$ für alle $x \in D_f$.

Auswahl unbestimmter Integrale (Integrationskonstante c)

$\int 0\,dx = c$

$\int a\,dx = ax + c \qquad (a \in \mathbb{R})$

$\int x^n\,dx = \frac{1}{n+1}x^{n+1} + c$

$\int ax^r = \frac{a}{r+1}x^{r+1} + c \qquad (r \in \mathbb{R} \setminus \{-1\})$

$\int \frac{1}{x}\,dx = \ln|x| + c$

$\int \ln x\,dx = x \cdot \ln x - x + c$

$\int e^x\,dx = e^x + c$

$\int a^x\,dx = \frac{a^x}{\ln a} + c \qquad (a > 0;\ a \neq 1)$

$\int \sin x\,dx = -\cos x + c$

$\int \cos x\,dx = \sin x + c$

$\int \sin^2 x\,dx = \frac{1}{2}(x - \sin x \cdot \cos x) + c$

$\int \cos^2 x\,dx = \frac{1}{2}(x + \sin x \cdot \cos x) + c$

$\int \frac{1}{x^2 + a^2}\,dx = \frac{1}{a}\arctan\frac{x}{a} + c$

$\int \frac{dx}{\sqrt{x^2 + a^2}} = \ln(x + \sqrt{x^2 + a^2}) + c$

$\int \frac{1}{(x-a)(x-b)}\,dx = \frac{1}{a-b}\ln\left|\frac{x-a}{x-b}\right| + c$ für $a \neq b$

$\int \tan x\,dx = -\ln|\cos x| + c$

Bestimmtes Integral

Zugrunde liegt eine Funktion f über einem Intervall $[a, b]$.
$[a, b]$ wird durch $n+1$ Teilpunkte x_i in n Teilintervalle der Längen $h_i = x_{i+1} - x_i$ zerlegt. Aus jedem Teilintervall wird eine Stelle z_i gewählt und die Summe $S_n = f(z_1)\,h_1 + f(z_2)\,h_2 + \ldots + f(z_n)\,h_n$ gebildet.

Nun werden Folgen von Zerlegungen des Intervall $[a, b]$ betrachtet, bei denen die Längen des jeweils längsten Teilintervalls gegen null konvergieren.

Zu diesen Zerlegungsfolgen ergeben sich Folgen von Summen S_n. Konvergiert jede solche Summenfolge S_n gegen einen – und damit gegen den gleichen – Grenzwert, so heißt f *integrierbar* und man schreibt $\lim\limits_{n \to \infty} S_n = \int_a^b f(x)\,dx$.

$\int_a^b f(x)\,dx$ heißt das *bestimmte Integral* mit dem *Integranden* f zwischen der unteren Grenze a und der oberen Grenze b.

Eigenschaften des bestimmten Integrals

- **Hauptsatz der Integralrechung**
  Ist die Funktion f in $[a, b]$ stetig, so ist f integrierbar und es gilt:
  Die *Integralfunktion* J: $x \mapsto J(x) = \int_a^x f(t)\,dt$ ist differenzierbar und es ist $J'(x) = f(x)$ für alle $x \in\,]a, b[$.
  Ist G irgendeine Stammfunktion von f (also $G' = f$), so gilt:
  $$\int_a^b f(t)\,dt = \int_a^b f(x)\,dx = [G(x)]_a^b = G(x)|_{x=a}^{x=b} = G(x)|_a^b = G(b) - G(a)$$

- **Linearität**
  $$\int_a^b (r \cdot f(x) + s \cdot g(x))\,dx = r \cdot \int_a^b f(x)\,dx + s \cdot \int_a^b g(x)\,dx \quad \text{für } r, s \in \mathbb{R}$$

- **Änderung der Integrationsgrenzen**
  $$\int_a^b f(x)\,dx = -\int_b^a f(x)\,dx \qquad \int_a^b f(x)\,dx = \int_a^c f(x)\,dx + \int_c^b f(x)\,dx$$

- **Integration durch Substitution**
  $$\int_a^b f[g(x)]\,g'(x)\,dx = \int_{g(a)}^{g(b)} f(u)\,du \quad \text{mit } u = g(x);\ du = g'(x)\,dx$$

- **Monotonie**
  Ist $f(x) \le g(x)$ für alle $x \in [a, b]$,
  so ist $\int_a^b f(x)\,dx \le \int_a^b g(x)\,dx$.

- **Abschätzung**
  Ist $m \le f(x) \le M$ für alle $x \in [a, b]$, so
  $m \cdot (b-a) \le \int_a^b f(x)\,dx \le M \cdot (b-a)$.

- **Uneigentliches Integral**: $\int_a^\infty f(x)\,dx := \lim\limits_{x \to \infty} \int_a^x f(u)\,du$

Flächeninhalte, Bogenlänge

Flächeninhalte zwischen einem Graphen und der x-Achse

- $f(x) \geq 0$ für $x \in [a, b]$

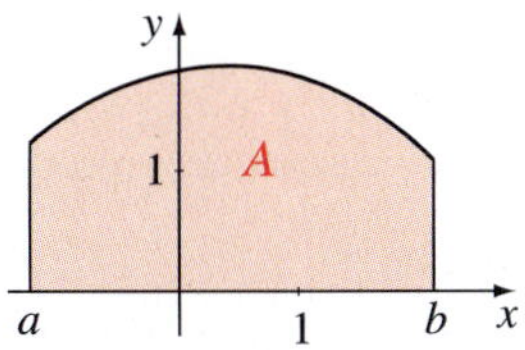

$$A = \int_a^b f(x)\,dx$$

- $f(x) \leq 0$ für $x \in [a, b]$

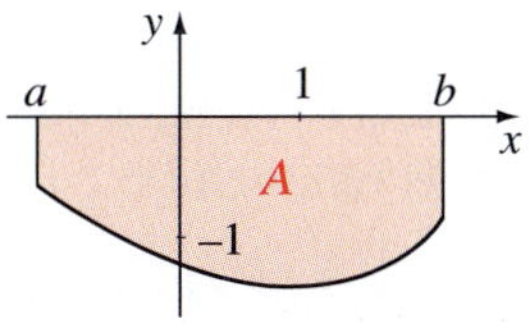

$$A = \left| \int_a^b f(x)\,dx \right| = -\int_a^b f(x)\,dx$$

- Wechselt $f(x)$ das Vorzeichen im Inneren des Intervalls $[a, b]$, so muss das Intervall entsprechend zerlegt werden.

$$A = \int_a^c f(x)\,dx + \left| \int_c^b f(x)\,dx \right|$$

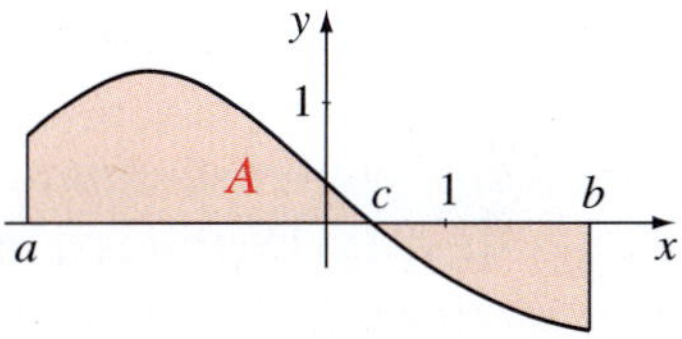

Flächeninhalt zwischen zwei Graphen

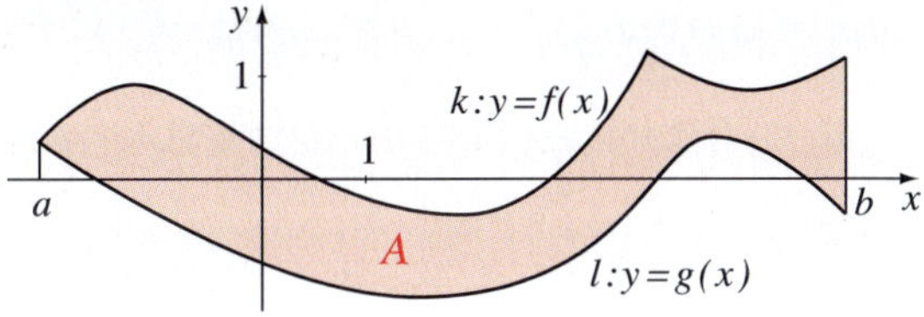

Ist nur $f(x) \geq g(x)$ für alle $x \in [a, b]$ erfüllt, so ist $A = \int_a^b (f(x) - g(x))\,dx$

(gleichgültig, ob die Graphen von f oder von g die x-Achse im Intervall $[a, b]$ schneiden oder nicht schneiden).

Mittelwert der Funktionswerte

Die Funktionswerte von f haben auf $[a, b]$ den Mittelwert $m = \dfrac{1}{b-a} \int_a^b f(x)\,dx$.

Bogenlänge

Die Kurve k: $y = f(x)$ hat zwischen $A(a|f(a))$ und $B(b|f(b))$ die *Bogenlänge*

$$s = \int_a^b \sqrt{1 + y'^2}\,dx = \int_a^b \sqrt{1 + [f'(x)]^2}\,dx$$

Drehkörper (Rotationskörper)

Rotation eines Kurvenstücks um die x-Achse

Ist f stetig und $f(x) \geq 0$ für alle $x \in [a, b]$, und rotiert k: $y = f(x)$ für $a \leq x \leq b$ um die x-Achse, so hat der erzeugte Drehkörper das *Volumen* (den Rauminhalt)

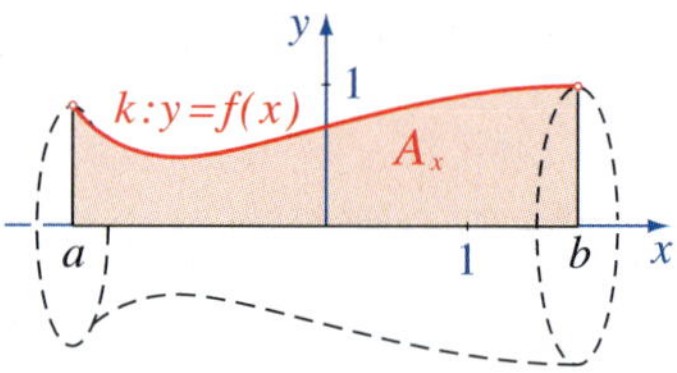

$$V_X = \pi \int_a^b y^2 \, dx = \pi \int_a^b [f(x)]^2 \, dx$$

und sein Mantel hat den Flächeninhalt

$$M_X = 2\pi \int_a^b y \sqrt{1 + y'^2} \, dx = 2\pi \int_a^b f(x) \sqrt{1 + [f'(x)]^2} \, dx$$

Rotation eines Kurvenstücks um die y-Achse

Ist f: $x \mapsto f(x)$ auf $[a, b]$ stetig und streng monoton, so gibt es die stetige Umkehrfunktion g: $y \mapsto x = g(y)$. Es sei $g(y) \geq 0$ für alle y. Die Funktionen f und g haben den gleichen Graphen k: $y = f(x)$ bzw. k: $x = g(y)$. Wir bezeichnen $f(a) = c$ und $f(b) = d$.
Das Flächenstück zwischen k und der y-Achse hat den

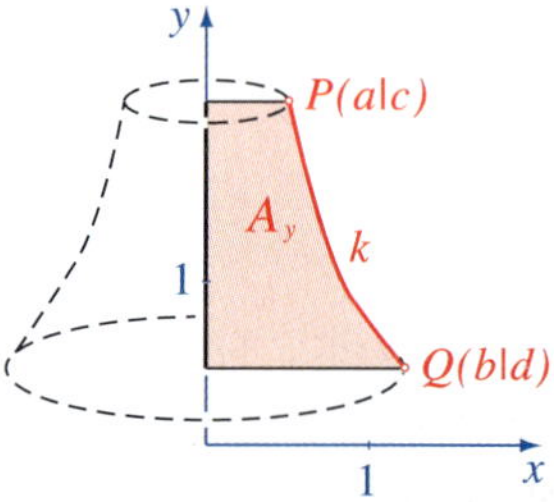

Flächeninhalt $A = \left| \int_c^d x \, dy \right| = \left| \int_c^d g(y) \, dy \right|$

Rotiert k um die y-Achse, so hat der erzeugte Drehkörper das *Volumen*

$$V_y = \left| \pi \int_c^d x^2 \, dy \right| = \left| \pi \int_c^d [g(y)]^2 \, dy \right| = \left| \pi \int_a^b x^2 f'(x) \, dx \right|$$

Numerische Integration

Integrale können näherungsweise berechnet werden.
Die $n+1$ Teilpunkte $x_0 = a$, $x_1 = a + h$, $x_2 = a + 2h$, ..., $x_n = a + nh = b$ zerlegen das Intervall $[a, b]$ in n gleich lange Teilintervalle der Länge $h = \frac{b-a}{n}$.

Rechteckformel $\int_a^b f(x) \, dx \approx h(y_0 + y_1 + \ldots + y_{n-1})$

Trapezformel $\int_a^b f(x) \, dx \approx \frac{1}{2} h(y_0 + 2y_1 + 2y_2 + \ldots + 2y_{n-1} + y_n)$

Keplersche Fassregel $\int_a^b f(x) \, dx \approx \frac{b-a}{6} \left[f(a) + 4 \cdot f\left(\frac{a+b}{2}\right) + f(b) \right]$

Änderungsrate

Die Funktion f mit der Funktionsgleichung $y = y(t)$ beschreibt die Änderung einer Größe y in Abhängigkeit von der Zeit t (*dynamischer Vorgang*).

- *Mittlere Änderungsrate* $\bar{\alpha}$ der Werte $f(t)$ über dem Intervall $[t; t+h]$:
  $$\bar{\alpha} = \frac{\Delta y}{\Delta t} = \frac{f(t+h)-f(t)}{h}$$
- *Momentane (lokale) Änderungsrate* $\alpha(t)$ zum Zeitpunkt t_0:
  $$\alpha(t_0) = \lim_{h\to 0} \frac{f(t_0+h)-f(t_0)}{h} = \dot{f}(t_0)$$
  (Für die Ableitung nach der Zeit wird oft nicht f', sondern $\dot{f}$ geschrieben.)
- Ist $\alpha = \alpha(t)$ die momentane Änderungsrate einer Größe $y = y(t)$ in einem Intervall $[a, b]$, so ergibt sich die *gesamte Änderung der Größe y* zu
  $$y(b) - y(a) = \int_a^b \alpha(t)\,dt.$$

Wachstumsvorgänge

Diskrete Behandlung

Nachdem ein *Zeitschritt* der festen Länge Δt gewählt ist, ermittelt man mithilfe eines Iterationsverfahrens diskrete Werte $y_n = y(t_n)$ für feste Zeitpunkte
$t_0,\ t_1 = t_0 + \Delta t,\ t_2 = t_0 + 2\Delta t,\ \ldots,\ t_n = t_0 + n\Delta t,\ \ldots$.
Iterationsanfang: $y_0 = y(t_0)$
Iterationsschritt: $y_{n+1} = y_n + \alpha \cdot \Delta t$
mit der *Änderungsrate*
$$\alpha = \frac{\Delta y}{\Delta t} = \frac{y_{n+1} - y_n}{\Delta t}$$ zum Zeitschritt der Länge Δt.

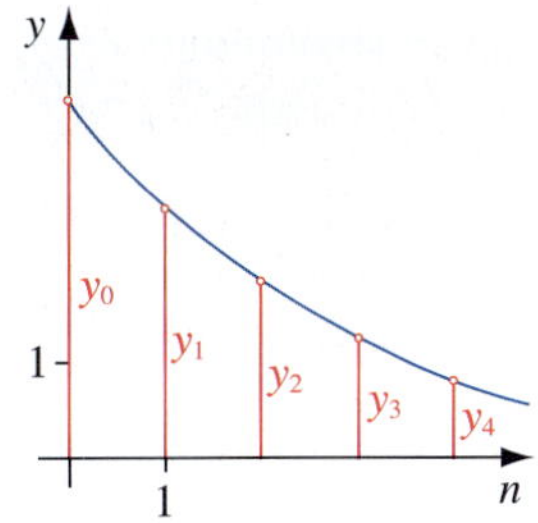

Kontinuierliche Behandlung

Aus einer Differenzialgleichung und dem Zustand zu einem festen Zeitpunkt kann eine Funktionsgleichung $y = y(t)$ ermittelt werden.

Lineares Wachstum
Die Änderungsrate ist eine Konstante: $\alpha = k$
Iterationsvorschrift: $y_{n+1} = y_n + k \cdot \Delta t$
Kontinuierlicher Ansatz: $y(t) = k \cdot t + y_0$
Differenzialgleichung:
$\dot{y} = k$ mit $k = \text{const.}$ und $\dot{y} = \frac{dy}{dt}$.

Lösung der Differenzialgleichung:
$y = kt + c$ mit $c \in \mathbb{R}$

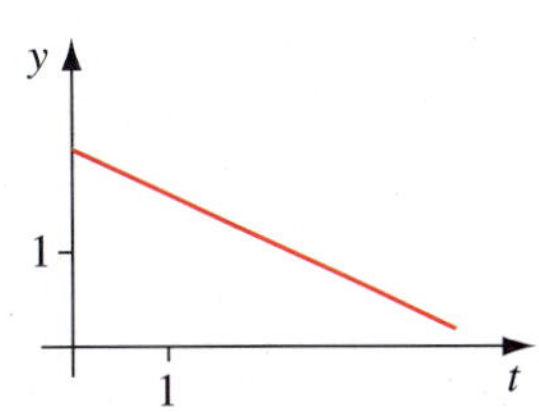

Exponentielles Wachstum:

Änderungsrate: $\alpha = k \cdot y$

Dabei ist k eine Konstante. Die Änderungsrate α ist zur Größe y proportional.

Iterationsvorschrift: $y_{n+1} = y_n + k \cdot y_n \cdot \Delta t$

Elementarer kontinuierlicher Ansatz: $y(t) = y_0 \cdot q^t$ mit $q \neq 1$ und $t \geq 0$.

Ist $0 < q < 1$, dann auch $y(t) = y_0 \cdot 2^{-\frac{t}{T}}$ mit der *Halbwertszeit* $T = \frac{-\lg 2}{\lg q}$.

Dabei ist $y(t+T) = \frac{1}{2} \cdot y(t)$ für alle $t \geq 0$.

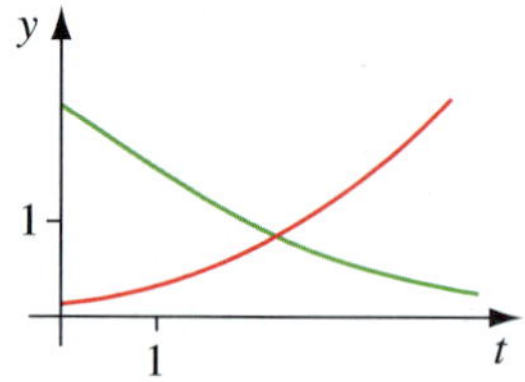

Differenzialgleichung:

$$\dot{y} = ky \quad \text{mit } k = \text{const. und } \dot{y} = \frac{dy}{dt}.$$

Lösung der Differenzialgleichung:

$$y = c \cdot e^{kt} \quad \text{mit } c \in \mathbb{R}.$$

Begrenztes (beschränktes) exponentielles Wachstum

Änderungsrate: $\alpha = k \cdot (S - y)$

Dabei sind S und k Konstanten. Die Änderungsrate α ist proportional zur Differenz aus dem Sättigungswert S und der Größe y.

Iterationsvorschrift: $y_{n+1} = y_n + k \cdot (S - y_n) \cdot \Delta t$

Sättigungsmanko: $M_n = S - y_n$.

Es ist $M_{n+1} = M_n - k \cdot M_n \cdot \Delta t$

und $M(t) = M_0 \cdot q^t$ für $t \geq 0$.

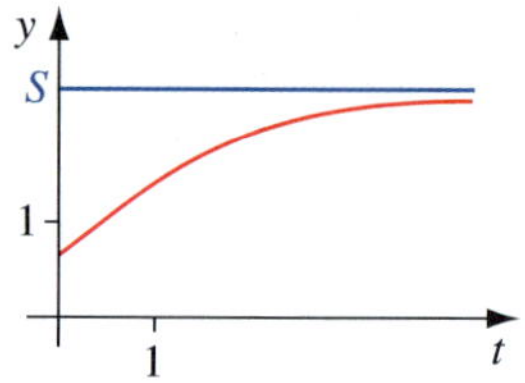

Differenzialgleichung:

$$\dot{y} = k(S - y) \quad \text{mit } k, S = \text{const. und } \dot{y} = \frac{dy}{dt}.$$

Lösung der Differenzialgleichung: $y = S - c e^{-kt}$ mit $c \in \mathbb{R}$.

Logistisches Wachstum

Änderungsrate: $\alpha = k \cdot y \cdot (S - y)$

S und k sind Konstanten. Die Änderungsrate α ist proportional zum Produkt aus der Größe y und der Differenz aus dem Sättigungswert S und der Größe y.

Iterationsvorschrift: $y_{n+1} = y_n + k \cdot y_n \cdot (S - y_n) \cdot \Delta t$

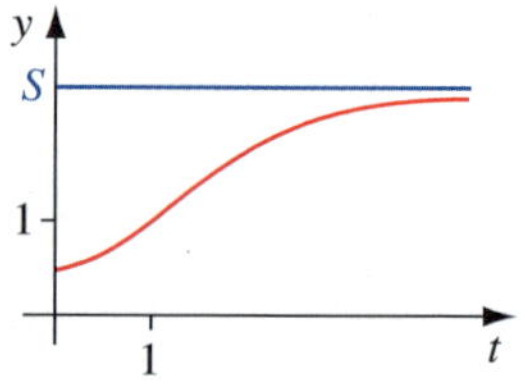

Differenzialgleichung:

$$\dot{y} = k \cdot y \cdot (S - y) \quad \text{mit } k, S = \text{const. und } \dot{y} = \frac{dy}{dt}.$$

Lösung der Differenzialgleichung:

$$y = \frac{cS}{c + (S - c)e^{-kSt}} \quad \text{mit } c \in \mathbb{R}.$$

Datenerhebung

Bei statistischen Erhebungen werden die interessierenden Objekte auf bestimmte Merkmale hin untersucht. Die Gesamtheit der Objekte mit den Ausprägungen der Merkmale heißt die *Grundgesamtheit*. Sind die Merkmalsausprägungen reelle Zahlen, liegt ein *quantitatives Merkmal* vor; sind die Größen und Differenzen der Zahlen interpretierbar, sind diese Elemente einer *metrischen Skala*.

- Bei einer *Stichprobe* (Beobachtungsreihe) vom Umfang n aus einer Grundgesamtheit mit den Merkmalsausprägungen $a_1, a_2, \dots, a_p$ werden Stichprobenwerte $x_1, x_2, \dots, x_n$ beobachtet. Die x_i kommen unter den a_j vor.
  Die Merkmalsausprägung a_j wird mit der *absoluten Häufigkeit* n_j bzw. der *relativen Häufigkeit* $h_j = \frac{n_j}{n}$ beobachtet. Ist $a_1 < a_2 < \dots < a_p$, so heißen die $H_j = h_1 + h_2 + \dots + h_j$ für $j = 1, 2, \dots, p$ *relative Summenhäufigkeiten*.

Lagemaßzahlen von Stichproben

- *Modalwert*: Ein häufigster Stichprobenwert. Es kann mehrere geben.
- *Median*: Der in der Mitte stehende Wert der nach der Größe geordneten Stichprobenwerte (bzw. der Mittelwert der zwei in der Mitte stehenden Stichprobenwerte).
- *Mittelwert* (*arithmetisches Mittel*)
  $$\bar{x} := \frac{x_1 + x_2 + \dots + x_n}{n} = \frac{1}{n}\sum_{i=1}^{n} x_i = \frac{1}{n}\sum_{j=1}^{p} n_j a_j = \sum_{j=1}^{p} h_j a_j$$

Streuungsmaßzahlen von Stichproben

- *Spannweite*: Intervall von kleinsten bis zum größten Stichprobenwert.
- (Empirische) *Varianz* s^2, (empirische) *Standardabweichung* $s \geq 0$:
  $$s^2 := \frac{1}{n-1}\sum_{i=1}^{n}(x_i - \bar{x})^2 = \frac{1}{n-1}\sum_{j=1}^{p} n_j(a_j - \bar{x})^2 = \frac{n}{n-1}\sum_{j=1}^{p} h_j(a_j - \bar{x})^2$$
  Praktische Berechnung der (empirischen) Varianz einer Stichprobe:
  $$s^2 = \frac{1}{n-1}\left[\sum_{i=1}^{n} x_i^2 - n\bar{x}^2\right] = \frac{1}{n-1}\left[\sum_{i=1}^{n} x_i^2 - \frac{1}{n}\left(\sum_{i=1}^{n} x_i\right)^2\right]$$

Mittelwert μ und Varianz σ^2 bei Grundgesamtheiten

Liegt keine Stichprobe, sondern sogar die Grundgesamtheit vom Umfang N mit den Einzelwerten $x_1, x_2, \dots, x_N$ vor, so werden der Mittelwert μ und die Varianz σ^2 mit griechischen Buchstaben bezeichnet und die Varianz auch anders definiert:

$$\mu := \frac{1}{N}\sum_{i=1}^{N} x_i \quad \text{und} \quad \sigma^2 := \frac{1}{N}\sum_{i=1}^{N}(x_i - \mu)^2 = \frac{1}{N}\sum x_i^2 - \mu^2; \text{ es ist } \sigma \geq 0.$$

Ergebnis, Ereignis

Bei einer Durchführung eines Zufallsexperimentes tritt genau eines von mehreren möglichen, sich gegenseitig ausschließenden *Ergebnissen* ein. Alle Ergebnisse werden in der *Ergebnismenge* $S = \{a_1, a_2, \ldots, a_n\}$ zusammengefasst.
Jede Teilmenge A von S heißt ein *Ereignis*. Ergibt sich bei der Durchführung des Zufallsexperimentes ein Ergebnis $a_k \in A$, dann ist das Ereignis A eingetreten (eingetroffen). Die einelementigen Teilmengen $\{a_j\}$ heißen *Elementarereignisse*. Die Menge aller Teilmengen von S heißt die *Ereignismenge*.

Einige Interpretationen

$\emptyset$	heißt das *unmögliche Ereignis* (das Ereignis, welches bei keiner Versuchsdurchführung eintritt).
S	heißt das *sichere Ereignis* (das Ereignis, welches stets eintrifft).
$A \subseteq B$	bedeutet, dass B sicher dann eintrifft, wenn A eintrifft (dass das Ereignis A das Ereignis B nach sich zieht).
$A \cup B$	das Ereignis „A oder B" (mit einschließendem oder). Es tritt genau dann ein, wenn mindestens eines der Ereignisse A oder B eintrifft.
$A \cap B$	das Ereignis „A und B". Es trifft genau dann ein, wenn sowohl das Ereignis A als auch das Ereignis B eintrifft (realisiert ist).
$\bar{A} = S \setminus A$	heißt das *Gegenereignis* von A, das Ereignis „nicht A". Es tritt genau dann ein, wenn A nicht eintrifft.
$A \cap B = \emptyset$	bedeutet, dass A und B *unvereinbar* sind (unverträglich sind, disjunkt sind, sich ausschließen, nicht gleichzeitig eintreten können).

Wahrscheinlichkeitsfunktion (Wahrscheinlichkeitsbewertung)

Eine Abbildung, die jedem Ereignis A eine reelle Zahl $P(A)$ mit $0 \leq P(A) \leq 1$ zuweist, heißt eine *Wahrscheinlichkeitsfunktion* (Wahrscheinlichkeitsbewertung), wenn folgende Forderungen erfüllt sind (*Axiomensystem von Kolmogoroff*):

1. $P(S) = 1$ (*Normierung*)
2. Ist $A \cap B = \emptyset$, so ist $P(A \cup B) = P(A) + P(B)$ (*Additivität*)

($P(A)$ wird auch gelesen als „die Wahrscheinlichkeit von A".)

Rechnen mit Wahrscheinlichkeiten

$P(\bar{A}) = 1 - P(A)$	Wahrscheinlichkeit des Gegenereignisses $\bar{A}$ von A
$P(\emptyset) = 0$	Wahrscheinlichkeit des nicht realisierbaren Ereignisses
Ist $P(A) = 0$,	so kann nicht auf $A = \emptyset$ geschlossen werden.
Ist $P(A) = 1$,	so kann nicht auf $A = S$ geschlossen werden.
Ist $A \subseteq B$,	so ist $P(A) \leq P(B)$.

- Summenregel für Elementarereignisse
  $A = \{a_1, a_2, \ldots, a_n\}$, dann $P(A) = P(\{a_1\}) + P(\{a_2\}) + \ldots + P(\{a_n\})$
- $A \cup B = (A \cap \overline{B}) \cup (A \cap B) \cup (\overline{A} \cap B)$ und
  $A \cap \overline{B}$, $A \cap B$, $\overline{A} \cap B$ sind paarweise unvereinbar.
  $P(A \cup B) = P(A \cap \overline{B}) + P(A \cap B) + P(\overline{A} \cap B)$
  $P(A) = P(A \cap B) + P(A \cap \overline{B})$

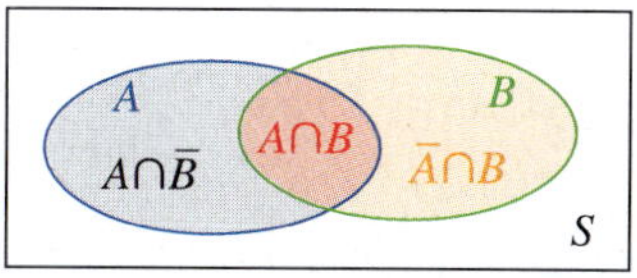

Additionssatz für Wahrscheinlichkeiten

Ist $P(A \cap B) \neq 0$, so sind A und B vereinbar und es gilt:

$P(A \cup B) = P(A) + P(B) - P(A \cap B)$ für alle $A \subseteq S$ und $B \subseteq S$.

Bedingte Wahrscheinlichkeit

$P(B|A) := \dfrac{P(A \cap B)}{P(A)}$ für $P(A) \neq 0$

(Wahrscheinlichkeit von B unter der Bedingung A; kurz: „P von B unter A".)
Man findet auch die Schreibweise $P(B|A) = P_A(B)$.

Multiplikationssatz für Wahrscheinlichkeiten

$P(A \cap B) = P(A) \cdot P(B|A) = P(B) \cdot P(A|B)$ für $P(A) \neq 0$, $P(B) \neq 0$.

$P(A \cap B \cap C) = P(A) \cdot P(B|A) \cdot P(C|A \cap B)$ für $P(A \cap B) \neq 0$.

Unabhängige Ereignisse

- Zwei Ereignisse A und B heißen dann und nur dann (stochastisch) *unabhängig*, wenn gilt: $P(A \cap B) = P(A) \cdot P(B)$.
- Für unabhängige Ereignisse A und B mit $P(A) \neq 0$ und $P(B) \neq 0$ ist $P(A|B) = P(A)$ und $P(B|A) = P(B)$.

Totale Wahrscheinlichkeit

$B_1, B_2, \ldots, B_m$ bilden eine Zerlegung von S, wenn folgende Forderungen erfüllt sind: $B_1 \cup B_2 \cup \ldots \cup B_m = S$ und $B_i \cap B_j = \{\ \}$ für $i \neq j$.

Ist überdies $P(B_i) \neq 0$ für alle B_i, dann gilt:

$P(A) = P(B_1) \cdot P(A|B_1) + P(B_2) \cdot P(A|B_2) + \ldots + P(B_m) \cdot P(A|B_m)$
für jedes $A \subseteq S$.

Formel von Bayes

Ist $P(A) \neq 0$, so gilt unter den obigen Voraussetzungen

$$P(B_k|A) = \frac{P(B_k) \cdot P(A|B_k)}{P(A)} = \frac{P(B_k) \cdot P(A|B_k)}{P(B_1) \cdot P(A|B_1) + \ldots + P(B_m) \cdot P(A|B_m)}$$

Ereignis und Gegenereignis

Wegen $B \cup \overline{B} = S$ und $B \cap \overline{B} = \emptyset$ bilden B und $\overline{B}$ eine Zerlegung von S.

$P(A) = P(B) \cdot P(A|B) + P(\overline{B}) \cdot P(A|\overline{B})$ für $P(B) \neq 0$; $P(\overline{B}) \neq 0$.

$$P(B|A) = P(B) \cdot \frac{P(A|B)}{P(A)} = \frac{P(B) \cdot P(A|B)}{P(B) \cdot P(A|B) + P(\overline{B}) \cdot P(A|\overline{B})} \quad \text{für } P(A) \neq 0.$$

Zweistufiges Zufallsexperiment – Ereignisbaum

Zwei nacheinander ablaufende Zufallsexperimente können zu einem zweistufigem Zufallsexperiment zusammengefasst werden. Dies kann in einem Ereignisbaum dargestellt werden. Jedem Pfad in diesem Baumdiagramm entspricht ein Ergebnis des zweistufigen Zufallsexperimentes.

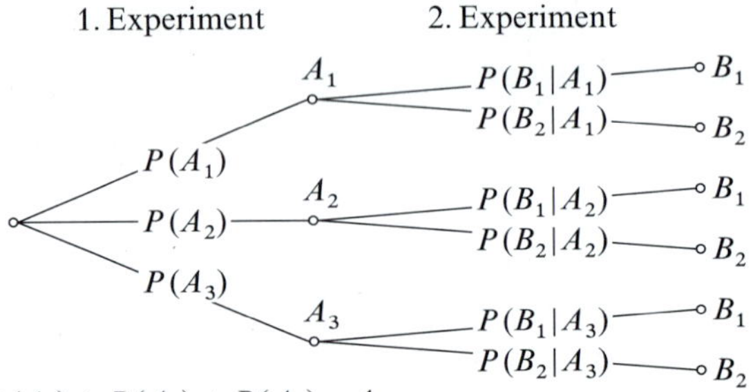

$P(A_1 \cap B_1) = P(A_1) \cdot P(B_1|A_1)$
$P(A_1 \cap B_2) = P(A_1) \cdot P(B_2|A_1)$
$P(A_2 \cap B_1) = P(A_2) \cdot P(B_1|A_2)$
$P(A_2 \cap B_2) = P(A_2) \cdot P(B_2|A_2)$
$P(A_3 \cap B_1) = P(A_3) \cdot P(B_1|A_3)$
$P(A_3 \cap B_2) = P(A_3) \cdot P(B_2|A_3)$

Summe $= 1$

$P(A_1) + P(A_2) + P(A_3) = 1$,
$P(B_1|A_i) + P(B_2|A_i) = 1$ für $i \in \{1, 2, 3\}$.

Kombinatorik (Anzahlbestimmungen)

Fakultät: $n! := n(n-1)(n-2) \cdot \ldots \cdot 3 \cdot 2 \cdot 1$ und $0! := 1$, $1! := 1$

$n! \approx \sqrt{2\pi n} \cdot (n : \mathrm{e})^n$ mit der eulerschen Zahl $\mathrm{e} = 2{,}71828\ldots$

Binomialkoeffizienten (Gelesen: „n über k")

$$\binom{n}{k} := \frac{n(n-1)(n-2) \cdot \ldots \cdot (n-k+1)}{1 \cdot 2 \cdot 3 \cdot \ldots \cdot k} \quad \text{für } 0 < k \leq n$$

$$\binom{n}{0} := 1; \quad \binom{n}{k} := 0 \quad \text{für } n < k.$$

Eigenschaften der Binomialkoeffizienten

$$\binom{n}{k} = \frac{n!}{k!(n-k)!} = \binom{n}{n-k}; \qquad \binom{n}{k} + \binom{n}{k+1} = \binom{n+1}{k+1}$$

$$\binom{n}{0} + \binom{n}{1} + \binom{n}{2} + \ldots + \binom{n}{n} = 2^n$$

Binomialsatz

$$(a+b)^n = \binom{n}{0} a^n + \binom{n}{1} a^{n-1} b + \binom{n}{2} a^{n-2} b^2 + \ldots + \binom{n}{n-1} a b^{n-1} + \binom{n}{n} b^n$$

Urnenmodell

Aus einer Urne mit n unterscheidbaren Kugeln $b_1, b_2, \ldots, b_n$ werden k Kugeln gezogen. Es interessiert die Anzahl der Möglichkeiten. Dabei wird unterschieden, ob *mit Zurücklegen* oder *ohne Zurücklegen* (*mit einem Griff*) gezogen wird. Weiter wird unterschieden, ob die Reihenfolge beachtet wird (*geordnete Stichprobe*) oder ob die Reihenfolge keine Rolle spielt (*ungeordnete Stichprobe*).

- Werden n Kugeln **ohne Zurücklegen mit Beachtung der Reihenfolge** gezogen, so ist die Anzahl der Möglichkeiten $n! = n \cdot (n-1) \cdot (n-2) \cdot \ldots \cdot 3 \cdot 2 \cdot 1$.

- Werden k Kugeln **ohne Zurücklegen mit Beachtung der Reihenfolge** gezogen, dann ist die Anzahl der Möglichkeiten
$$n \cdot (n-1) \cdot (n-2) \cdot \ldots \cdot (n-k+1) = \frac{n!}{(n-k)!} \quad \text{für } k \leq n.$$

- Werden k Kugeln **ohne Zurücklegen und ohne Beachtung der Reihenfolge** gezogen („Ziehen *mit einem Griff*"), ist die Anzahl der Möglichkeiten
$$\binom{n}{k} = \frac{n \cdot (n-1)(n-2) \cdot \ldots \cdot (n-k+1)}{k \cdot (k-1) \cdot 3 \cdot 2 \cdot 1} = \frac{n!}{k!(n-k)!}.$$

- Werden k Kugeln **mit Zurücklegen mit Beachtung der Reihenfolge** so gezogen, dass die Kugel b_i genau k_i-mal gezogen wird, dann ist die Anzahl der Möglichkeiten $\dfrac{k!}{k_1! \cdot k_2! \cdot \ldots \cdot k_n!}$ mit $k_1 + k_2 + \ldots + k_n = k$.

- Werden k Kugeln **mit Zurücklegen mit Beachtung der Reihenfolge** gezogen, dann ist die Anzahl der Möglichkeiten n^k.

- Werden k Kugeln **mit Zurücklegen und ohne Beachtung der Reihenfolge** gezogen, so ist die Anzahl der Möglichkeiten
$$\binom{n+k-1}{k} = \frac{n \cdot (n+1) \cdot (n+2) \cdot \ldots \cdot (n+k-1)}{1 \cdot 2 \cdot 3 \cdot \ldots \cdot k}.$$ Dabei ist $k > n$ möglich.

Laplace-Experimente

Zufallsexperimente mit endlicher Ergebnismenge, bei denen alle Elementarereignisse gleich wahrscheinlich sind, heißen Laplace-Experimente.

Sind m Ergebnisse möglich und besteht das Ereignis A darin, dass irgendeines von g Ergebnissen eintritt, so ist
$$P(A) = \frac{g}{m} = \frac{\text{Anzahl der für } A \text{ günstigen Ergebnisse}}{\text{Anzahl der möglichen Ergebnisse}}.$$

Zufallsgrößen (Zufallsvariable)

Eine Abbildung X, die jedem Ergebnis a_i eine reelle Zahl $X(a_i) = x_j$ zuweist, heißt *Zufallsgröße* (*Zufallsvariable*). Der Funktionswert x_j heißt *Merkmalswert* des Ergebnisses a_i. Zufallsgrößen werden mit großen Buchstaben $X, Y, \ldots$, die Funktionswerte mit entsprechenden kleinen Buchstaben $x, y, \ldots$ bezeichnet.
$X = x$ bezeichnet die Menge $\{a_k | X(a_k) = x\}$.
Eine *diskrete* Zufallsgröße kann in einem Intervall nur endlich viele Werte annehmen, eine *stetige* Zufallsgröße kann in einem Intervall beliebig viele Werte annehmen.
Erwartungswert $E(X) = \mu$, *Varianz* $V(X) = \sigma^2$ und *Standardabweichung* $\sigma \geq 0$ heißen *Kenngrößen* einer Verteilung.

Eine diskrete Zufallsgröße

Die *Wahrscheinlichkeitsverteilung* wird durch die *Wahrscheinlichkeitsfunktion* f erfasst:

$f(x_j) = P(\{a_k | X(a_k) = x_j\})$ für $j \in \{1, 2, \ldots, m\}$

Es ist $f(x_j) \geq 0$ für alle x_j und $f(x_1) + \ldots + f(x_m) = 1$.

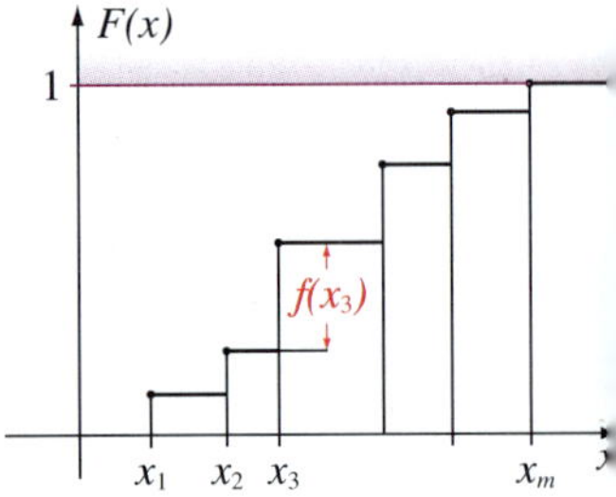

Verteilungsfunktion F mit $F(x_k) = P(X \leq x_k)$

Erwartungswert

$$E(X) = x_1 \cdot P(X = x_1) + \ldots + x_m \cdot P(X = x_m)$$
$$= x_1 f(x_1) + x_2 f(x_2) + \ldots + x_m f(x_m)$$

Varianz

$$V(X) = (x_1 - \mu)^2 P(X = x_1) + \ldots + (x_m - \mu)^2 P(X = x_m)$$
$$V(X) = E[(X - \mu)^2] = E(X^2) - \mu^2$$

Eine stetige Zufallsgröße

Die *Wahrscheinlichkeitsverteilung* wird durch die *Dichtefunktion* f erfasst:

Es ist $f(x) \geq 0$ für alle $x \in \mathbb{R}$ und $\int_{-\infty}^{+\infty} f(x)\,dx = 1$.

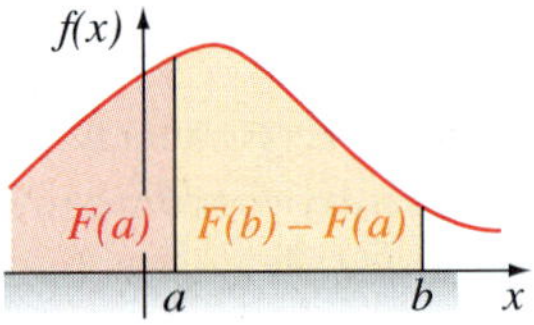

Verteilungsfunktion F mit $F(x) = \int_{-\infty}^{x} f(u)\,du = P(X \leq x)$

$$P(a \leq X \leq b) = P(a < X < b) = \int_a^b f(u)\,du = F(b) - F(a)$$

Erwartungswert $E(X) = \mu = \int_{-\infty}^{+\infty} x \cdot f(x)\,dx$

Varianz $V(X) = \sigma^2 = \int_{-\infty}^{+\infty} (x - \mu)^2 f(x)\,dx$

$$V(X) = E[(X - \mu)^2] = E(X^2) - \mu^2$$

Ungleichung von Tschebyscheff (Tschebyschow, Čebyšev)
Hat die *Wahrscheinlichkeitsverteilung* einer Zufallsgröße X den Erwartungswert μ und die Varianz σ^2, so gilt für jede vorgegebene positive reelle Zahl c:

$$P(|X-\mu| \geq c) \leq \frac{\sigma^2}{c^2}; \quad P(|X-\mu| \geq z\sigma) \leq \frac{1}{z^2} \text{ für } c = z\sigma;$$

$$P(\mu - c < X < \mu + c) \geq 1 - \frac{\sigma^2}{c^2}; \quad P(|X-\mu| < z\sigma) \geq 1 - \frac{1}{z^2}$$

Verteilungen

Diskrete Gleichverteilung

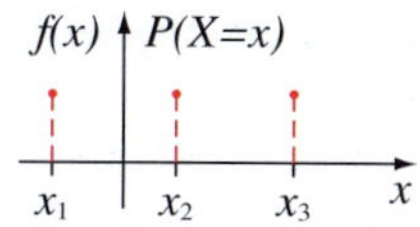

Es gibt m verschiedene Werte $x_1, x_2, \ldots, x_m$ mit

$P(X = x_i) = \frac{1}{m}$ für alle $i \in \{1, 2, \ldots, m\}$

$P(X = x) = 0$ für alle $x \neq x_i$.

Beispielsweise lässt sich so das Werfen eines idealen Würfels (*Laplace-Würfels*) mit Feststellung der Augenzahl erfassen.

Im Sonderfall $x_1 = 1, x_2 = 2, \ldots, x_m = m$ ist $E(X) = \frac{m+1}{2}$, $V(X) = \frac{m^2-1}{12}$.

Hypergeometrische Verteilung

Urnenmodell: Einer Urne mit M weißen und $N - M$ schwarzen Kugeln werden ohne Zurücklegen (*mit einem Griff*) n Kugeln entnommen. Die Zufallsgröße X gibt die Anzahl k der gezogenen weißen Kugeln an.

Wahrscheinlichkeitsfunktion f_H

$$f_H(k) = P(X = k) = \frac{\binom{M}{k}\binom{N-M}{n-k}}{\binom{N}{n}} \quad \text{mit } 0 \leq k \leq \min(n, N) \text{ und } n \leq N.$$

Die Zufallsgröße (Zufallsvariable) X heißt *hypergeometrisch verteilt mit dem Index n und den Parametern N und M*.

Erwartungswert: $E(X) = n \cdot \frac{M}{N} = np$ mit $p = \frac{M}{N}$.

Varianz: $V(X) = npq \cdot \frac{N-n}{N-1}$ mit $p = \frac{M}{N}$ und $q = 1 - p$.

Ist N deutlich größer als n, dann kann die hypergeometrische Verteilung brauchbar durch eine Binomialverteilung approximiert werden.

Binomialverteilung

Urnenmodell: Einer Urne mit w weißen und $N-w$ schwarzen Kugeln werden nacheinander mit Zurücklegen n Kugeln entnommen. Die Zufallsgröße X gibt die Anzahl k der gezogenen weißen Kugeln an (Anzahl k der Treffer).

Wahrscheinlichkeitsfunktion f_B

$$f_B(k) = P(X=k) = \binom{n}{k} p^k q^{n-k} \quad \text{mit } p = \frac{w}{N} \text{ und } q = 1-p \text{ für } k \in \{1, 2, \ldots, n\}.$$

Die Zufallsgröße X heißt *binomialverteilt mit dem Index n und dem Parameter p.*

Verteilungsfunktion F_B:

$$F_B(k; n, p) = P(X \leq k) = \sum_{i=0}^{k} \binom{n}{i} p^i (1-p)^{n-i}$$

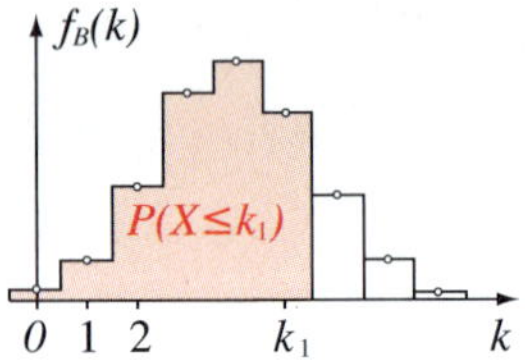

Erwartungswert: $E(X) = \mu = np$

Varianz: $V(X) = \sigma^2 = npq \quad \text{mit } q = 1-p$

Bernoulli-Experiment (Bernoulli-Versuch)

Ein Zufallsexperiment heißt *Bernoulli-Experiment*, wenn bei der Versuchsdurchführung nur festgestellt wird, ob ein Ereignis A (Erfolg, Treffer) oder das Gegenereignis $\bar{A}$ (Misserfolg, Niete) eingetroffen ist: $P(A) = p$, $P(\bar{A}) = 1 - p = q$.

Bernoullikette vom Umfang (von der Länge) n

Ein Bernoulli-Experiment wird n-mal unabhängig voneinander (nacheinander) ausgeführt. Die Zufallsgröße X beschreibt die Anzahl der Treffer.

X ist binomialverteilt mit dem Index n und der Trefferwahrscheinlichkeit (dem Erfolgsparameter) p:

$$P(X=k) = \binom{n}{k} p^k (1-p)^{n-k} = \binom{n}{k} p^k q^{n-k} \quad \text{mit } q = 1-p \text{ für } k \in \{0, 1, \ldots, n\}$$

Wahrscheinlichste Trefferanzahl k_0: $P(X = k_0) \geq P(X = k)$ für alle $k \neq k_0$.

Ist $np - q$ keine ganze Zahl, so gibt es ein einziges k_0 mit $np - q < k_0 < np + p$.

Ist $np - q$ eine ganze Zahl, so wird an den Stellen $k_1 = np - q$ und $k_2 = np + p$ der gleiche maximale Wert angenommen.

Ungleichung von Tschebyscheff für Binomialverteilungen

Ist X eine mit n und p binomialverteilte Zufallsgröße, so gilt für die relative Häufigkeit $H = \frac{X}{n}$ für jede vorgegebene positive reelle Zahl c:

$$P(|H-p| \geq c) \leq \frac{pq}{n \cdot c^2} \leq \frac{1}{4n \cdot c^2} \quad \text{und } P(|H-p| < c) \geq 1 - \frac{pq}{n \cdot c^2} \geq 1 - \frac{1}{4n \cdot c^2}.$$

Normalverteilung

Eine stetige Zufallsgröße X heißt $N(\mu; \sigma^2)$-*verteilt* (*normalverteilt mit dem Parametern Erwartungswert* μ *und Varianz* σ^2),
wenn sie die *Dichtefunktion* f_N besitzt:

$$f_N(x) = \frac{1}{\sigma\sqrt{2\pi}}\, e^{-\frac{1}{2}\left(\frac{x-\mu}{\sigma}\right)^2} \quad \text{für } x \in \mathbb{R}$$

Dabei ist e die eulersche Zahl.

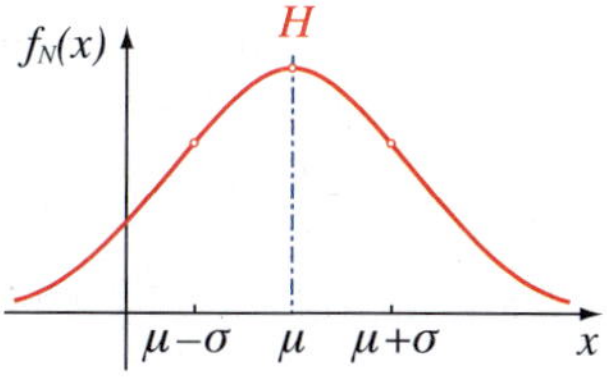

Der Graph von f_N heißt *Gauß'sche Glockenkurve*.
Er hat an der Stelle $x_1 = \mu$ einen Hochpunkt H
und an den Stellen $x_2 = \mu - \sigma$ und $x_3 = \mu + \sigma$ Wendepunkte. Die Parallele zur y-Achse durch H ist Symmetrieachse.

Standardisierte Normalverteilung

Die durch $Z = \dfrac{X-\mu}{\sigma}$ beschriebene Transformation der Zufallsgröße X erzeugt die *standardisierte Zufallsgröße* Z mit dem Erwartungswert 0 und der Varianz 1.

Dichtefunktion φ *der standardisierten Zufallsgröße* Z

$$\varphi\colon z \mapsto \varphi(z) = \frac{1}{\sqrt{2\pi}}\, e^{-0{,}5z^2} \quad \text{für } z \in \mathbb{R}.$$

Verteilungsfunktion Φ *der standardisierten Zufallsgröße* Z

$$\Phi\colon z \mapsto \Phi(z) = P(Z \le z) = \int_{-\infty}^{z} \varphi(u)\,du \quad \text{für } z \in \mathbb{R}.$$

Eigenschaften der Verteilungsfunktion Φ

$\Phi(0) = 0{,}5;\quad \Phi(-z) = 1 - \Phi(z);\quad \Phi(z) - \Phi(-z) = 2\Phi(z) - 1$

Wahrscheinlichkeiten einer $N(\mu; \sigma^2)$-*verteilten Zufallsgröße*

$$P(X \le a) = P(X < a) = \Phi\left(\frac{a-\mu}{\sigma}\right); \qquad P(X \ge a) = P(X > a) = 1 - \Phi\left(\frac{a-\mu}{\sigma}\right)$$

$$P(a \le X \le b) = P(a < X < b) = \Phi\left(\frac{b-\mu}{\sigma}\right) - \Phi\left(\frac{a-\mu}{\sigma}\right)$$

$$P(|X-\mu| \ge c) = 2\left[1 - \Phi\left(\frac{c}{\sigma}\right)\right] \quad \text{für } c \ge 0$$

$k\sigma$-Regeln für eine Normalverteilung

$P(\mu - \sigma \le X \le \mu + \sigma) \approx 68{,}27\,\%$	$P(\mu - 1{,}96\sigma \le X \le \mu + 1{,}96\sigma) \approx 0{,}950$
$P(\mu - 2\sigma \le X \le \mu + 2\sigma) \approx 95{,}45\,\%$	$P(\mu - 2{,}58\sigma \le X \le \mu + 2{,}58\sigma) \approx 0{,}990$
$P(\mu - 3\sigma \le X \le \mu + 3\sigma) \approx 99{,}73\,\%$	$P(\mu - 3{,}29\sigma \le X \le \mu + 3{,}29\sigma) \approx 0{,}999$

Approximation einer Binomialverteilung durch eine Normalverteilung

Eine binomialverteilte Zufallsgröße X mit dem Index n und der Erfolgsparameter p ist näherungsweise normalverteilt mit dem Erwartungswert $\mu = np$ und der Varianz $\sigma^2 = npq$. Die Näherung ist um so besser, je größer n ist und je näher p beim Wert 0,5 liegt.

Faustregel: Ist $npq \geq 9$, so ist gute Approximation (Näherung) zu erwarten.

$$P(k_1 < X \leq k_2) \approx \Phi(z_2) - \Phi(z_1) \text{ mit } z_2 = \frac{k_2 - np}{\sigma},\ z_1 = \frac{k_1 - np}{\sigma} \text{ und } \sigma = \sqrt{npq}$$

Der auftretende Approximationsfehler kann häufig dadurch verringert werden, dass eine *Kontinuitätskorrektur* vorgenommen wird.

$$P(k_1 < X \leq k_2) \approx \Phi(z_2) - \Phi(z_1) \text{ mit } z_2 = \frac{k_2 + 0{,}5 - np}{\sigma} \text{ und } z_1 = \frac{k_1 + 0{,}5 - np}{\sigma}$$

$$P(k_1 \leq X \leq k_2) \approx \Phi(z_2) - \Phi(z_3) \text{ mit } z_2 = \frac{k_2 + 0{,}5 - np}{\sigma} \text{ und } z_3 = \frac{k_1 - 0{,}5 - np}{\sigma}$$

$$P(X \leq k) \approx \Phi(z) \text{ mit } z = \frac{k + 0{,}5 - np}{\sigma} \text{ und}$$

$$P(X < k) \approx \Phi(\bar{z}) \text{ mit } \bar{z} = \frac{k - 0{,}5 - np}{\sigma}$$

Zentraler Grenzwertsatz

Sind $X_1, X_2, \ldots, X_n$ (stochastisch) unabhängige, nicht notwendig normalverteilte Zufallsgrößen mit den Erwartungswerten μ_i und den Varianzen σ_i^2, so ist unter sehr schwachen weiteren Bedingungen die Zufallsgröße $X = X_1 + X_2 + \ldots + X_n$ für große n näherungsweise normalverteilt mit dem Erwartungswert $E(X) = \mu = \mu_1 + \mu_2 + \ldots + \mu_n$ und der Varianz $V(X) = \sigma^2 = \sigma_1^2 + \sigma_2^2 + \ldots + \sigma_n^2$.

Daher ist $P(X \leq x) \approx \Phi\left(\frac{x - \mu}{\sigma}\right)$.

Verteilungsfunktion des arithmetischen Mittels

Sind $X_1, X_2, \ldots, X_n$ (stochastisch) unabhängige, nicht notwendig normalverteilte Zufallsgrößen, welche die gleiche Verteilungsfunktion mit dem Erwartungswert μ und der Standardabweichung σ haben, so ist die Zufallsgröße

$\bar{X} = \frac{1}{n}(X_1 + X_2 + \ldots + X_n)$ für große n näherungsweise normalverteilt mit dem

Erwartungswert $\bar{\mu} = \mu$ und der Standardabweichung $\bar{\sigma} = \frac{\sigma}{\sqrt{n}}$.

Daher ist $P(\bar{X} \leq \bar{x}) \approx \Phi\left(\frac{\bar{x} - \mu}{\sigma} \cdot \sqrt{n}\right)$.

Testen von Hypothesen

Eine Stichprobe liefert Werte $x_1, x_2, \ldots, x_n$ aus einer Grundgesamtheit. Mit diesen Werten wird eine Hypothese über einen unbekannten Parameter der Grundgesamtheit geprüft. Dabei soll zwischen zwei sich gegenseitig ausschließenden Annahmen entschieden werden.

Nullhypothese H_0 gegen die Alternativhypothese (Alternative) H_1

Getestet wird, ob auf Grund der Stichprobenwerte die Nullhypothese H_0 verworfen werden muss. Im Zweifelsfall wird H_0 beibehalten. Wird H_0 beibehalten, so ist damit H_0 weder bestätigt noch bewiesen.

- Zuerst wird eine kleine Wahrscheinlichkeit α auf Grund praktischer Erwägungen (5 %, 2 %, 1 %, 0,1 %, …) ausgewählt und fest vorgegeben. Man nennt α das *Signifikanzniveau*. Danach wird unbedingt vor der Durchführung des Tests der *Verwerfungsbereich* (*Ablehnungsbereich, kritische Bereich*) ermittelt. Der Verwerfungsbereich wird möglichst groß so bestimmt, dass die Testgröße dann, wenn die Nullhypothese H_0 wahr ist, höchstens mit der Wahrscheinlichkeit α einen Wert aus dem Verwerfungsbereich annimmt.
- *Entscheidungsregel*: Fällt der aus den Stichprobenwerten gewonnene Wert der Testgröße in den Verwerfungsbereich, so muss H_0 verworfen (abgelehnt) werden: „Die Abweichung der Beobachtung von der Nullhypothese ist auf dem Niveau α signifikant (statistisch gesichert)." Fällt der Wert der Testgröße nicht in den Verwerfungsbereich, so wird H_0 beibehalten: „H_0 ist nicht widerlegt."
- *Fehler 1. Art*: H_0 wird verworfen (abgelehnt), obwohl H_0 wahr ist.
  Die maximale Wahrscheinlichkeit für den Fehler 1. Art ist α.
  Man nennt α auch *Irrtumswahrscheinlichkeit* (*Risiko 1. Art*) und $1-\alpha$ *Sicherheitswahrscheinlichkeit* des Tests.
- *Fehler 2. Art*: H_0 wird nicht verworfen (nicht abgelehnt), obwohl H_0 falsch ist. Die Wahrscheinlichkeit β dieses Fehlers kann im Allgemeinen nur nach weiteren Annahmen berechnet werden.

Qualitätskontrolle (Binomialverteilung)

In einer Grundgesamtheit von N Objekten ist ein Objekt mit der unbekannten Wahrscheinlichkeit p defekt. Es soll eine Vermutung über p getestet werden.

Testdurchführung: Es wird eine Stichprobe vom Umfang n mit Zurücklegen genommen und dabei wird k-mal „defekt" festgestellt.

Man denkt sich, dass sehr oft eine Stichprobe vom Umfang n genommen wird. Die Zufallsvariable K beschreibt die Anzahl der dabei gezogenen defekten Objekte. Diese Testgröße K ist binomialverteilt mit dem Index n und dem Parameter p. Ist n sehr viel kleiner als N, kann auch eine Stichprobe ohne Zurücklegen näherungsweise auf die im Folgenden beschriebene Weise behandelt werden.

Einseitiger Test (rechtsseitig)

- Nullhypothese H_0: $p \leq p_0$.
  Alternativhypothese (Alternative) H_1: $p > p_0$.
- Das Signifikanzniveau α wird fest vorgegeben. Danach wird der Verwerfungsbereich $V = \{c, c+1, \ldots, n\}$ so bestimmt, dass
  $$P_{p_0}(k \in \{c, c+1, \ldots, n\} = 1 - F_B(c-1; n, p_0) = \sum_{i=c}^{n} \binom{n}{i} p_0^i (1-p_0)^{n-i} \leq \alpha \text{ ist.}$$
  Dabei ist die kleinste natürliche Zahl c gesucht, die dieser Forderung genügt.

Entscheidungsregel

Ist die Anzahl k der defekten Objekte in der Stichprobe vom Umfang n ein Element des zu bestimmenden Verwerfungsbereichs V, so wird H_0 verworfen und H_1 angenommen. Ist k kein Element von V, wird H_0 beibehalten.

Einseitiger Test (linksseitig)

- Nullhypothese H_0: $p \geq p_0$.
  Alternativhypothese (Alternative) H_1: $p < p_0$.
- Das Signifikanzniveau α wird fest vorgegeben. Danach wird der Verwerfungsbereich $V = \{0, 1, \ldots, c\}$ so bestimmt, dass
  $$P_{p_0}(k \in V) = F_B(c; n, p_0) = \sum_{i=0}^{c} \binom{n}{i} p_0^i (1-p_0)^{n-i} \leq \alpha \text{ ist.}$$
  Dabei ist die größte natürliche Zahl c gesucht, welche dieser Forderung genügt.

Zweiseitiger Test

- Nullhypothese H_0: $p = p_0$.
  Alternativhypothese (Alternative) H_1: $p \neq p_0$.
- Verwerfungsbereich $V = \{0, 1, \ldots, c\} \cup \{d, d+1, \ldots, n\}$
  Zu vorgegebenem Signifikanzniveau α werden eine möglichst große natürliche Zahl c und eine möglichst kleine natürliche Zahl d so bestimmt, dass folgende Forderungen erfüllt sind:
  $$P_{p_0}(k \in \{0, 1, \ldots, c\}) = \sum_{i=0}^{c} \binom{n}{i} p_0^i (1-p_0)^{n-i} = F_B(c; n, p_0) \leq \frac{\alpha}{2}$$
  $$P_{p_0}(k \in \{d, d+1, \ldots, n\}) = \sum_{i=d}^{n} \binom{n}{i} p_0^i (1-p_0)^{n-i} = 1 - F_B(d-1; n, p_0) \leq \frac{\alpha}{2}$$

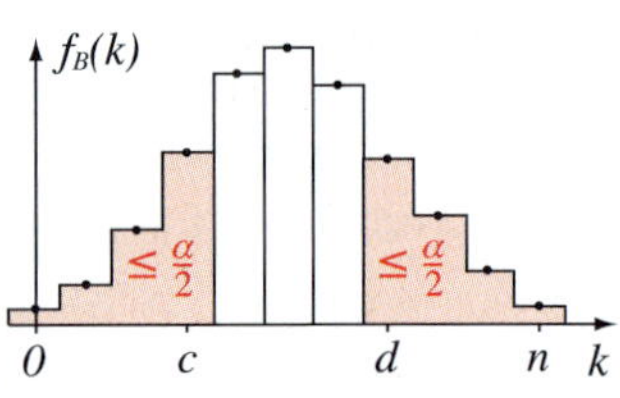

Bei großem n (Faustregel: $np_0(1-p_0) \geq 9$) ist

$$Z = \frac{K - np_0}{\sqrt{np_0(1-p_0)}}$$ mit guter Näherung standardisiert normalverteilt.